山东省水利工程质量与安全监督操作指南

山东省水利工程建设质量与安全中心　编

中国水利水电出版社
www.waterpub.com.cn
·北京·

图书在版编目（CIP）数据

山东省水利工程质量与安全监督操作指南 / 山东省水利工程建设质量与安全中心编. -- 北京 : 中国水利水电出版社, 2023.3
ISBN 978-7-5226-1446-5

Ⅰ. ①山… Ⅱ. ①山… Ⅲ. ①水利工程－工程质量监督－山东－指南 Ⅳ. ①TV51-62

中国国家版本馆CIP数据核字(2023)第044075号

书　名	**山东省水利工程质量与安全监督操作指南** SHANDONG SHENG SHUILI GONGCHENG ZHILIANG YU ANQUAN JIANDU CAOZUO ZHINAN
作　者	山东省水利工程建设质量与安全中心　编
出版发行	中国水利水电出版社 （北京市海淀区玉渊潭南路1号D座　100038） 网址：www.waterpub.com.cn E-mail：sales@mwr.gov.cn 电话：（010）68545888（营销中心）
经　售	北京科水图书销售有限公司 电话：（010）68545874、63202643 全国各地新华书店和相关出版物销售网点
排　版	中国水利水电出版社微机排版中心
印　刷	清淞永业（天津）印刷有限公司
规　格	170mm×240mm　16开本　14.75印张　172千字
版　次	2023年3月第1版　2023年3月第1次印刷
印　数	0001—2000册
定　价	**88.00**元

《山东省水利工程质量与安全监督操作指南》
编　委　会

前　言

习近平总书记在党的二十大报告中指出，高质量发展是全面建设社会主义现代化国家的首要任务，明确提出优化基础设施布局、结构、功能和系统集成，构建现代化基础设施体系。水利是实现高质量发展的基础性支撑和重要带动力量，水利工程建设质量与安全事关人民群众生命财产安全和经济社会发展大局。2022年，山东省被确定为国家省级水网先导区，现代化水网建设全面展开，水利基础设施建设进入规模大、强度高、进度快的历史“黄金期”，加强质量与安全监督工作是必然要求也是应有之义。

近年来，在山东省委、省政府的正确领导下，全省水利系统坚持以习近平新时代中国特色社会主义思想为指导，积极践行“节水优先、空间均衡、系统治理、两手发力”治水思路，锚定“走在前、开新局”，统筹水资源、水生态、水环境、水灾害协同治理，实施了一批重大水利工程项目。围绕加强质量和安全监督工作，山东省水利厅在监督理念、体制机制、程序方法、数字赋能等方面进行了积极探索创新，进一步健全省市县三级监督体系，基本形成“分级管理、权责一致、分工协作、全面覆盖”的监督工作格局；开发建设“山东省水利工程质量与安全监督管理系统”和监督检查App，基本实现质量与安全监督工作全链条、监督检查全过程信息化管控；探索统筹稽察、巡查、资金检查等各类监督检查，创新实行“一组多能、批次推进”监督检查模式，持续推动全省水利工程建管与监督工作规范化、专业化、数字化。今年年初，水利部发来表扬信，全省水利监督工作连续2年进入全国先进行列，全国排名前十位，在全国水利工程建设质量考核中连续3年保持A级，水利安全生产形势平稳向好。

为推进水利工程建设质量与安全监督更加科学、规范、系统，山东省水利工程建设质量与安全中心对水利工程建设质量与安全监督相关法律、法规、规章、技术标准进行提炼梳理，理清了工作链条，明确了工作事项，并逐项优化流程、细化要求，形成了《山东省水利工程质量与安全监督操作指南》。希望本书的出版，能为各级水利工程质量与安全监督机构依法依规开展监督工作提供有益帮助和启发，培育全行业的行业质量与安全意识，提升监督工作能力和水平。同时，也希望本书能作为宣传和培训的载体，将我省探索经验在全国水利监督领域分享与传播，为推动水利高质量发展做出山东水利的积极贡献。

在此，向为本书编写工作提供诸多关怀支持和指导帮助的领导、专家、同志们表示衷心的感谢！由于编者水平和有关规定的更新，疏漏和不妥之处在所难免，敬请各位专家与读者朋友们批评指正。

编者

2023年3月

目 录

第一章
水利工程质量与安全监督工作流程概述

为进一步提升全省水利工程建设质量与安全监督工作的规范化和标准化水平，山东省建安中心立足职责分工，以项目监督实践为基础，依据《水利工程质量管理规定》（水利部令第 52 号）、《水利工程建设安全生产管理规定》（水利部令第 26 号）、《水利部办公厅关于印发水利建设工程质量监督工作清单的通知》（办监督〔2019〕211 号）、《水行政主管部门质量监督工作履职情况巡查作业指导书（2023 年版）》等规定，对质量与安全监督工作进行了全链条梳理，明确了监督事项的设立及实施依据、工作内容、申报材料清单、办理流程和时限要求等要素，为全省质量与安全监督工作人员开展监督工作提供指导。

水利工程建设质量与安全监督工作是以工程建设时间轴为主线推动的监督管理活动。为便于监督工作有序开展，从工程建设进程的角度，可把整个监督期分为主体工程开工前、开工初期、法人验收阶段和竣工验收阶段四个阶段。四个阶段前后衔接，层次递进，组成了水利工程质量与安全监督工作的基本流程，如图 1 所示。具体每项监督工作的内容、要求、时间节点见表 1 和表 2。

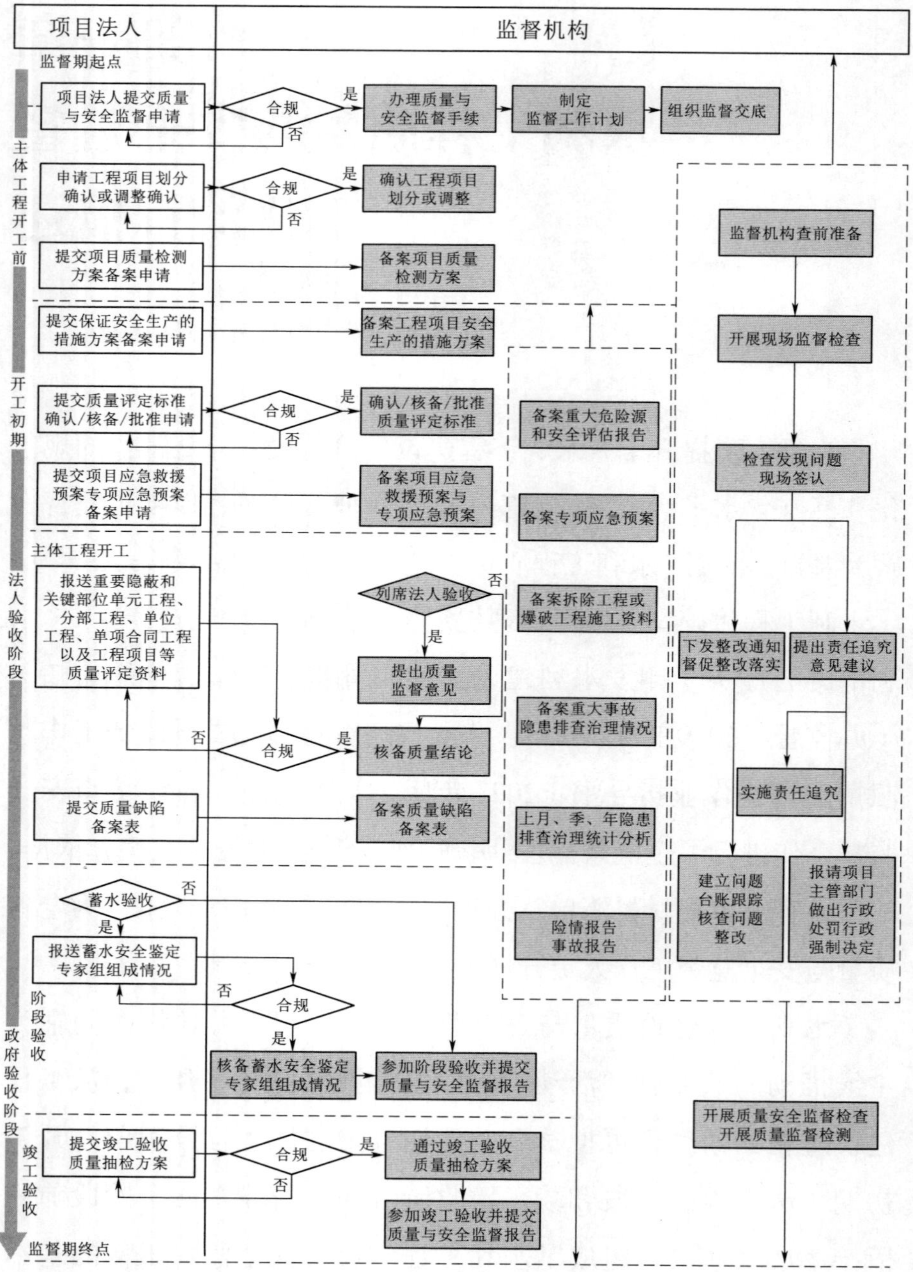

图 1　水利工程建设质量与安全监督监督工作流程图

表 1　质量与安全监督手续办理、备案等主要工作内容及时间节点

序号	工作事项	事项内容	申请人			监督机构			备注
			实施主体	申报内容	申报时间节点	工作内容	工作时间节点	监督方式	
1	办理质量与安全监督手续	办理质量监督手续	项目法人（建设单位）	提交监督申请及相关资料	主体工程开工10个工作日前	1. 受理质量监督申请； 2. 审核质量监督申请资料； 3. 出具质量监督书	收到申请后10个工作日内完成审核，并出具质量监督书	依申请	
		办理安全监督登记	项目法人（建设单位）	提交监督登记申请及相关资料	主体工程开工10个工作日前	1. 受理安全监督登记申请； 2. 形式审查安全监督登记资料； 3. 反馈安全监督登记表证明	收到登记申请后10个工作日内完成审核，并反馈安全监督登记表	依申请	
2	制订质量与安全监督工作计划及监督工作交底	制订质量与安全监督工作计划				制订质量与安全监督工作计划	办理质量与安全监督手续后10个工作日内完成	主动开展	
		组织监督工作交底	项目法人（建设单位）	邀请监督机构参加第一次工地会议	第一次工地会议召开前5个工作日	组织监督工作交底	项目法人（建设单位）第一次工地会议	主动开展	
3	确认工程项目划分	确认工程项目划分	项目法人（建设单位）	1. 工程项目划分确认申请 2. 项目划分方案	主体工程开工前	1. 受理确认申请； 2. 审核项目划分及说明； 3. 确认项目划分及说明	收到申请后，14个工作日内将确认结果书面反馈项目法人（建设单位）	依申请	
4	确认或核备质量评定标准	确认枢纽工程水工建筑物外观质量评定标准	项目法人（建设单位）	1. 确认申请 2. 枢纽工程水工建筑物外观质量评定标准	主体工程开工一个月内	1. 受理确认申请； 2. 审核质量评定标准； 3. 确认枢纽工程水工建筑物外观质量评定标准	收到申请后，10个工作日内将确认结果书面反馈项目法人（建设单位）	依申请	

续表

序号	工作事项	事项内容	申请人			监督机构			备注
			实施主体	申报内容	申报时间节点	工作内容	工作时间节点	监督方式	
4	确认或核备质量评定标准	核备《规程》中未列出的外观质量评定标准及标准分	项目法人（建设单位）	1. 核备申请； 2.《规程》中未列出的外观质量项目质量标准及标准分	主体工程开工一个月内	1. 受理核备申请； 2. 审核《规程》中未列出的外观质量项目质量标准及标准分； 3. 核备质量评定标准及标准分	收到申请后，10个工作日内将核备结果书面反馈项目法人（建设单位）	依申请	
		核备临时工程质量检验及评定标准	项目法人（建设单位）	1. 核备申请； 2. 临时工程质量检验及评定标准	相应工程开工前一个月内	1. 受理核备申请； 2. 审核临时工程质量检验及评定标准； 3. 核备临时工程质量检验及评定标准	收到申请后，10个工作日内将核备结果书面反馈项目法人（建设单位）	依申请	
		核备《单元工程评定标准》中尚未涉及的项目质量评定标准	项目法人（建设单位）	1. 核备申请； 2.《单元工程评定标准》中尚未涉及的项目质量评定标准	单元工程项目划分的同时	1. 受理核备申请； 2. 审核新增的单元工程质量评定标准； 3. 核备相应质量评定标准	收到申请后，10个工作日内将核备结果书面反馈项目法人（建设单位）	依申请	
5	质量备案相关的内容	备案水利工程建设项目质量检测方案	项目法人（建设单位）	1. 备案申请表； 2. 水利工程建设项目质量检测方案	主体工程开工前	收到资料后存档。对不符合要求的情况书面反馈意见	不符合要求的情况3个工作日内书面反馈意见	依申请	

续表

序号	工作事项	事项内容	申请人			监督机构			备注
			实施主体	申报内容	申报时间节点	工作内容	工作时间节点	监督方式	
6	质量备案相关的内容	审核竣工验收工程质量抽样检测方案	项目法人（建设单位）	1. 审核表； 2. 工程质量抽样检测方案	申请竣工验收前	1. 审核工程质量抽样检测方案； 2. 签发审核表	项目法人（建设单位）提交申请后，7个工作日内将审核表书面反馈项目法人（建设单位）	依申请	
7		施工质量情况汇总分析结果	监理单位	施工质量控制情况及相关资料	施工期月报	了解施工质量控制情况	收到报送资料后存档	依申请	
8		备案质量缺陷	项目法人（建设单位）	1. 备案申请表； 2. 质量缺陷备案表	出现质量缺陷后及时报送	收到资料后存档。对不符合要求的情况书面反馈意见	不符合要求的情况3个工作日内书面反馈意见	依申请	
9		核备蓄水安全鉴定专家组组成情况	项目法人（建设单位）	1. 核备表； 2. 蓄水安全鉴定专家组组成情况	验收前5个工作日	1. 审查专家组组成情况； 2. 签发核备表	收到申请后，3个工作日内将核备表书面反馈项目法人（建设单位）	依申请	
10	安全备案或报送相关内容	备案保证安全生产的措施方案	项目法人（建设单位）	1. 备案申请表； 2. 安全生产的措施方案	开工之日起15个工作日内	收到资料后存档。对不符合要求的情况书面反馈意见	不符合要求的情况3个工作日内书面反馈意见	依申请	

续表

序号	工作事项	事项内容	申请人			监督机构			备注
			实施主体	申报内容	申报时间节点	工作内容	工作时间节点	监督方式	
11	安全备案或报送相关内容	备案拆除工程或者爆破工程资料	项目法人（建设单位）	1. 备案申请表； 2. 拆除工程或者爆破工程资料	拆除工程或爆破工程施工15日前	收到资料后存档。对不符合要求的情况书面反馈意见	不符合要求的情况3个工作日内书面反馈意见	依申请	
12		备案项目生产安全事故应急救援预案、专项应急预案	项目法人（建设单位）	1. 备案申请表； 2. 项目生产安全事故应急救援预案、专项应急预案	开工之日起15个工作日内	收到资料后存档。对不符合要求的情况书面反馈意见	不符合要求的情况3个工作日内书面反馈意见	依申请	
13		备案重大危险源辨识和安全评估的结果	项目法人（建设单位）	1. 备案申请表； 2. 重大危险源辨识结果和安全评估结果	开工前报送一次；施工期月报，评估后及时报送	收到资料后存档。对不符合要求的情况书面反馈意见	不符合要求的情况3个工作日内书面反馈意见	依申请	
14		备案重大事故隐患排查治理情况	项目法人（建设单位）	1. 备案申请表； 2. 重大事故隐患治理报告（方案）、重大事故隐患治理情况验收和效果评估资料	发现后及治理完成后及时报送	收到资料后存档。对不符合要求的情况书面反馈意见	不符合要求的情况3个工作日内书面反馈意见	依申请	
15		上月、季、年隐患排查治理统计分析	项目法人（建设单位）	报送上月、季、年隐患排查治理统计分析	每月5日前、每季第一个月的15日前和次年1月31日前	了解上月、季、年隐患排查治理统计分析情况	收到资料后存档	依申请	

表 2　**质量与安全监督检查及验收等主要工作程序及时间节点**

序号	工作事项	事项内容	监督机构			项目法人（建设单位）		备注
			工作内容	工作时间节点	监督方式	工作内容	工作时间节点	
1	开展质量与安全监督检查	复核质量与安全责任主体资质	1. 全面复核各参建单位资质（营业执照、资质证书、施工单位的安全生产许可证等）； 2. 下发检查整改通知，建立问题台账； 3. 跟踪落实整改，建立整改台账	1. 合同项目开工初期开展检查； 2. 检查后 5 个工作日下发检查整改通知	主动开展	1. 根据检查整改通知，组织各参建单位在规定时限内，落实整改要求； 2. 报送各参建单位落实整改要求的有关资料	收到检查整改通知 10 个工作日内，报送整改资料	
		检查或复核质量与安全责任主体的质量与安全管理体系建立情况	1. 全面检查各参建单位质量与安全管理体系建立情况（组织机构，主要管理人员配备、到位及变更情况，质量管理制度建立情况等）； 2. 下发检查整改通知，建立问题台账； 3. 跟踪落实整改，建立整改台账	1. 开工初期开展检查，开工后建设高峰期每年检查或复核； 2. 检查后 5 个工作日下发检查整改通知	主动开展	1. 根据检查整改通知，组织各参建单位在规定时限内，落实整改要求； 2. 报送各参建单位落实整改要求的有关资料	收到检查整改通知 15 个工作日内，报送整改资料	
		检查质量与安全责任主体的质量与安全管理体系运行情况	1. 监督检查各参建单位质量与安全管理体系运行情况（涉及各参建单位质量行为和工程实体质量）； 2. 下发检查整改通知，建立问题台账； 3. 跟踪落实整改，建立整改台账	1. 施工高峰期适时开展（每年不少于 2 次）； 2. 检查后 5 个工作日下发检查通知	主动开展	1. 根据检查整改通知，组织各参建单位在规定时限内，落实整改要求； 2. 报送各参建单位落实整改要求的有关资料	收到检查整改通知 15 个工作日内，报送整改资料	

续表

序号	工作事项	事项内容	监督机构			项目法人（建设单位）		备注
			工作内容	工作时间节点	监督方式	工作内容	工作时间节点	
1	开展质量与安全监督检查	质量监督检测	1. 根据工程建设情况和监督需要开展质量抽样检测（主体工程或影响工程结构安全的部位的原材料、中间产品和工程实体）； 2. 根据检测结果，下发检查整改通知，建立问题台账； 3. 跟踪落实整改，建立整改台账	1. 主体工程施工期适时开展； 2. 检测后5个工作日下发检查通知	主动开展	1. 根据检查整改通知，组织各参建单位在规定时限内，落实整改要求； 2. 报送各参建单位落实整改要求的有关资料	收到检查整改通知15个工作日内，报送整改资料	
2	列席法人验收及核备质量结论	重要隐蔽（关键部位）单元工程验收	可列席重要隐蔽（关键部位）单元工程验收，提出质量监督意见	验收当日	依申请	组织重要隐蔽（关键部位）单元工程验收	验收前2个工作日通知	
		核备重要隐蔽和关键部位单元工程质量结论	1. 审核重要隐蔽和关键部位单元工程质量结论； 2. 签发备案表	收到申请后20个工作日	依申请	报送重要隐蔽和关键部位单元工程质量结论及有关资料	验收通过之日后10个工作日内	
		大型枢纽工程主要建筑物的分部工程验收	宜列席大型枢纽工程主要建筑物的分部工程验收，提出质量监督意见	验收当日	依申请	组织大型枢纽工程主要建筑物的分部工程验收	验收前5个工作日通知	
		核备分部工程质量结论	1. 抽查分部工程质量结论； 2. 签发备案表	收到申请后20个工作日	依申请	报送分部工程质量结论及有关资料	分部工程验收通过之日后10个工作日内	
		列席项目法人（建设单位）组织的单位工程验收、工程阶段验收	列席单位工程验收、工程阶段验收	验收当日	依申请	组织的单位工程验收、工程阶段验收	验收前5个工作日通知	

续表

序号	工作事项	事项内容	监督机构			项目法人（建设单位）		备注
			工作内容	工作时间节点	监督方式	工作内容	工作时间节点	
2	列席法人验收及核备质量结论	核备单位工程及外观质量评定结论	1. 审核单位工程及外观质量质量结论； 2. 签发备案表	收到申请后20个工作日	依申请	报送单位工程及外观质量质量结论及有关资料	单位工程验收通过之日后10个工作日内	
		列席工程竣工验收自查会议	列席工程竣工验收自查会议，提出质量监督意见	验收当日	依申请	组织工程竣工验收自查会议	验收前10个工作日通知	
		核备工程项目质量结论	1. 审核工程项目质量结论； 2. 签发备案表	收到申请后20个工作日	依申请	报送工程项目质量结论及有关资料	完成竣工验收自查工作之日起10个工作日内	
3	参加政府验收及提交质量与安全工作监督报告	参加阶段验收	1. 参加阶段验收； 2. 提交质量与安全工作监督报告	验收当日		提前通知监督机构	验收前10个工作日通知	
		参加竣工验收	1. 参加竣工验收； 2. 提交质量与安全工作监督报告	验收当日		提前通知监督机构	验收前10个工作日通知	
4	受理质量举报投诉	受理质量举报投诉	1. 受理质量举报投诉； 2. 参与技术调查； 3. 跟踪问题整改	办理监督手续至竣工验收		主动配合	监督期	
5	建立质量与安全监督档案		手续办理资料，确认、核备及备案资料，监督检查、整改报告，质量与安全工作监督报告等	监督期	主动开展			

第二章
办理质量与安全监督手续

一、环节名称

办理质量与安全监督手续

二、实施机构

× × 工程建设质量与安全监督机构

三、申请主体

项目法人（建设单位）

四、设立与实施依据

（一）质量监督

1.《建设工程质量管理条例》（中华人民共和国国务院令第279号）第十三条:“建设单位在领取施工许可证或者开工报告前，

应当按照国家有关规定办理工程质量监督手续。”

2.《水利工程质量监督管理规定》（水建〔1997〕339号）第二条：“水行政主管部门主管水利工程质量监督工作。水利工程质量监督机构是水行政主管部门对水利工程质量进行监督管理的专职机构，对水利工程质量进行强制性的监督管理。”第三条：“我国境内新建、扩建、改建、加固各类水利水电工程和城镇供水、滩涂围垦等工程（以下简称水利工程）及其技术改造，包括配套与附属工程,均必须由水利工程质量监督机构负责质量监督。工程建设、监理、设计和施工单位在工程建设阶段，必须接受质量监督机构的监督。”第二十一条：“项目法人（或建设单位）应在工程开工前到相应的水利工程质量监督机构办理监督手续，签订《水利工程质量监督书》，并按规定缴纳质量监督费，同时提交以下材料：（一）工程项目建设审批文件。（二）项目法人（或建设单位）与监理、设计、施工单位签订的合同（或协议）副本。（三）建设、监理、设计、施工等单位的基本情况和工程质量管理组织情况等资料。”《关于公布取消和停止征收100项行政事业性收费项目的通知》（财综〔2008〕78号）：“取消的行政事业性收费项目水利部门47、水利建设工程质量监督费。”

3.《水利工程建设项目管理规定（试行）》（水利部水建〔1995〕128号，2016第二次修正）第十三条：“水利工程具备开工条件后，主体工程方可开工建设。项目法人或者建设单位应当自工程开工之日起15个工作日内，将开工情况的书面报告报项目主管单位和上一级主管单位备案。主体工程开工，必须具备以下条件：5.质量安全监督单位已经确定，并办理了质量安全监督手续。”

4.《水利工程建设程序管理暂行规定》（水利部水建〔1998〕

16号，2019年第四次修正）第八条：“4.要按照“政府监督、项目法人负责、社会监理、企业保证”的要求，建立健全质量管理体系，重要建设项目，须设立质量监督项目站，行使政府对项目建设的监督职能。”

5.《水利工程建设项目法人管理指导意见》（水建设〔2020〕258号）三、明确项目法人职责：“（八）4.负责办理工程质量、安全监督及开工备案手续。”

6.《关于进一步明确水利工程建设质量与安全监督的意见》(水建管〔2014〕408号）第一条：“（四）按照国家基本建设程序实施项目管理的水利工程（包括新建、扩建、改建），均要落实政府质量与安全监督责任，实现水利工程建设质量与安全监督全覆盖。”

7.《水利工程责任单位责任人质量终身责任追究管理办法（试行）》（水监督〔2021〕335号）第十二条：“项目负责人应当在办理工程质量监督手续前签署工程质量终身责任承诺书，连同项目负责人证明材料，由建设单位（项目法人）报工程质量监督机构备案。项目负责人如有更换的，应按前述规定重新备案。”

8.《山东省水利工程建设管理办法》（鲁水规字〔2021〕6号）第六条：“水利工程建设的具体监督管理职责按以下权限划分：省水利厅负责对由省政府、省水利厅组建项目法人或厅直属单位直接实施的水利工程项目的建设活动进行监督管理。主要包括：（一）主持项目竣工验收；（二）直接监督或者与设区的市水行政主管部门联合监督项目招标投标活动；（三）与设区的市、县（市、区）水行政主管部门联合监督工程质量和安全。其他项目的建设活动由设区的市、县（市、区）水行政主管部门负责监督管理。具体事权划分由各设区的市水行政主管部门负责制定。对未组建省级项目法人的重大水利工程，省水利厅认为有必要提升监督层级的，可与有关设区的市水行政主管部门实施联合监督。”第十一条：“水利工程具备以下开工条件后，项目法人可以组织主体工程开工建设：（七）质量与安全监督手续已办理。”

（二）安全监督

1.《建设工程安全生产管理条例》（中华人民共和国国务院令第 393 号）第十条：“建设单位在申请领取施工许可证时，应当提供建设工程有关安全施工措施的资料；依法批准开工报告的建设工程，建设单位应当自开工报告批准之日起 15 日内，将保证安全施工的措施报送建设工程所在地的县级以上地方人民政府建设行政主管部门或者其他有关部门备案。”第四十条：“国务院建设行政主管部门对全国的建设工程安全生产实施监督管理。国务院铁路、交通、水利等有关部门按照国务院规定的职责分工，负责有关专业建设工程安全生产的监督管理。县级以上地方人民政府建设行政主管部门对本行政区域内的建设工程安全生产实施监督管理。县级以上地方人民政府交通、水利等有关部门在各自的职责范围内，负责本行政区域内的专业建设工程安全生产的监督管理。”第四十四条：“建设行政主管部门或者其他有关部门可以将施工现场的监督检查委托给建设工程安全监督机构具体实施。”

2.《山东省安全生产条例》（2017 年 1 月 18 日山东省第十二届人民代表大会常务委员会第二十五次会议通过，2021 年 12 月修订）第六条：“县级以上人民政府应急管理部门依法对本行政区域内的安全生产工作实施综合监督管理，承担职责范围内的安全生产监督管理职责；其他负有安全生产监督管理职责的部门在各自职责范围内，依法对有关行业、领域的安全生产工作实施监督管理。”

3.《水利工程建设安全生产管理规定》（水利部令第26号，2019年第三次修正）第二十六条：“水行政主管部门和流域管理机构按照分级管理权限，负责水利工程建设安全生产的监督管理。水行政主管部门或者流域管理机构委托的安全生产监督机构，负责水利工程施工现场的具体监督检查工作。”

4.《水利工程建设项目法人管理指导意见》（水建设〔2020〕258号）三、明确项目法人职责：“（八）4. 负责办理工程质量、安全监督及开工备案手续。”

5. SL 721—2015《水利水电工程施工安全管理导则》7.1.3：“项目法人在办理安全监督手续时，应提供危险性较大的单项工程清单和安全生产管理措施。”

五、办理条件

申请材料齐全，符合法定形式。

六、材料目录

（一）质量监督申请材料

1. 水利工程建设质量监督申请书。

2. 工程项目建设审批文件（初步设计批复等文件）。

3. 项目法人批复成立文件，现场管理机构设立文件。

4. 项目法人（或建设单位）与监理、设计、施工单位签订的合同（或协议）副本。

5.《水利工程建设质量监督与安全监督备案登记表》。

6. 水利工程参建单位项目负责人的授权书、任命文件及工程质量终身责任承诺书。

（二）安全监督申请材料

1. 水利工程建设安全监督登记表。

2. 水利工程建设质量监督与安全监督备案登记表。

3. 危险性较大的单项工程清单和安全生产管理措施。

（三）质量与安全监督补充（变更）备案申报材料

1. 水利工程建设质量与安全监督补充（变更）备案表。

2. 主要建设内容、参建单位及项目负责人等变化时，提供相应申请材料。

材料形式：原件 2 份，PDF 电子版。

七、办理结果

（一）质量监督手续

水利工程建设质量监督书。

（二）安全监督手续

水利工程建设安全监督登记表。

水利工程建设安全监督相关要求告知书。

（三）质量与安全监督补充（变更）备案

水利工程建设质量与安全监督补充（变更）备案表。

八、时间要求

（一）项目法人

1. 质量监督申请与安全监督登记

主体工程开工 10 个工作日前。

2. 质量与安全监督补充（变更）登记

主要建设内容、参建单位及项目负责人发生变化 10 个工作日内报送。

（二）监督机构

1. 质量监督 / 安全监督登记申请结果

10 个工作日办理完成。

2. 质量 与安全监督补充（变更）登记

10 个工作日办理完成。

九、办理咨询

咨询地址：山东省济南市历下区历山路 127 号（示例）。

十、办理流程

1. 收件。申请人提交申请材料，监督机构收到申请后，启动办理程序。

2. 办理。5 个工作日内完成。必要时进行现场核查。

承办人员对质量监督申请材料是否符合要求进行审核，拟定《水利工程建设质量监督书》和《水利工程建设安全监督相关要求告知书》。需进行集体研究、汇报沟通的，在此期间完成。

3. 负责人签发。3 个工作日内完成。监督机构负责人对办理意见进行审核并签发。

4. 办文。2 个工作日内完成。进行排版、盖章，结束办文程序。

5. 送达结果。

十一、追责情形

1.《建设工程质量管理条例》（国务院令第 279 号，2019 年第二次修订）第五十六条：“违反本条例规定，建设单位有下列行为之一的，责令改正，处 20 万元以上 50 万元以下的罚款：（六）未按照国家规定办理工程质量监督手续的。”

2.《水利工程质量管理规定》（水利部令第 52 号）第六十条：“项目法人（建设单位）有下列行为之一的，依照《建设工程质量管理条例》第五十六条规定，由水行政主管部门或者流域管理机构依据职权责令改正，处 20 万元以上 50 万元以下的罚款：（五）未按照国家规定办理工程质量监督手续的。”

3.《水利工程建设程序管理暂行规定》（水利部水建〔1998〕16 号，2019 年第四次修正）第十二条：“凡违反工程建设程序管理规定的，按照有关法律、法规、规章的规定，由项目行业主管部门，根据情节轻重，对责任者进行处理。”

4.《水利工程建设与质量安全生产监督检查办法（试行）》

问题清单（2020 版）（办监督〔2020〕124 号）：“附件 1-1-64 未按规定办理质量监督手续 - 严重。”

5.《水利工程建设安全生产监督检查问题清单（2022 年版）》“项目法人安全生产管理违规行为清单”第 13 条：“未按规定办理工程建设安全监督手续。”

十二、附件（空表、样表、文书示例）

附件 1　水利工程建设质量监督申请书

附件 2　水利工程建设质量监督与安全监督备案登记表

附件 3　关于同意办理质量与安全监督手续的通知

附件 4　水利工程建设质量监督书

附件 5　水利工程建设安全监督登记表

附件 6　水利工程建设安全监督相关要求告知书

附件 7　水利工程建设质量与安全监督补充（变更）备案表

附件 8　关于 ×× 工程未按照规定办理质量与安全监督手续的报告

附件 1

水利工程建设质量监督申请书

××工程建设质量与安全监督机构：

（××项目的基本情况，前期工作进展情况，开工准备情况）。

根据《建设工程质量管理条例》（国务院令第 279 号）、《水利工程质量管理规定》（水利部令第 52 号）、《水利工程质量监督管理规定》（水建〔1997〕339 号）、《山东省水利工程建设管理办法》（鲁水规字〔2021〕6 号）等有关规定，现申请对××项目进行质量监督，并承诺对申请材料的真实性和合法性负责，请予办理。

联系人：　　　　　　　　　　联系方式：

项目法人（章）

××年××月××日

附件 2

水利工程建设质量监督与安全监督备案登记表

工程名称：

项目法人（章）：

法定代表人：

（报送类型：初次报送□　补充、变更报送□）

×× 年 ×× 月 ×× 日

填 写 说 明

一、本表由项目法人负责填报。

二、本表除签名外应使用计算机打印。

三、申请人须按本表要求逐项填报有关内容，各项内容如纸张不够，可加附页。

四、工程建设内容、各参建单位及主要负责人发生变化的，应将相应信息进行变更，重新报送本表并附变更支撑材料。

工程名称				
主管部门			建设地点	
初步设计报告	批准机关			
	批准日期			
	批准文件			
	批复工期			
计划开工日期			计划竣工日期	
主要建设内容				
主要工程量	土石方	万 m^3	混凝土及钢筋混凝土	万 m^3
	机电金结		其他	
总投资		万元	建安工程投资	万元
质量目标				
安全目标				
工程概况				

续表

<table>
<tr><td>工程建设进度计划</td><td colspan="4"></td></tr>
<tr><td rowspan="6">项目法人单位</td><td>单位名称</td><td colspan="3"></td></tr>
<tr><td>地址</td><td colspan="3"></td></tr>
<tr><td>法定代表人</td><td></td><td>电话</td><td></td></tr>
<tr><td>技术负责人</td><td></td><td>电话</td><td></td></tr>
<tr><td>质量负责人</td><td></td><td>电话</td><td></td></tr>
<tr><td>安全负责人</td><td></td><td>电话</td><td></td></tr>
<tr><td rowspan="9">勘察、设计单位（若为多家单位，应分别填写）</td><td>单位名称</td><td colspan="3"></td></tr>
<tr><td>资质等级</td><td colspan="3"></td></tr>
<tr><td>地址</td><td colspan="3"></td></tr>
<tr><td>法定代表人</td><td colspan="3"></td></tr>
<tr><td>项目负责人</td><td></td><td>电话</td><td></td></tr>
<tr><td>主要设计人员</td><td></td><td>安全负责人</td><td></td></tr>
<tr><td>主要设计人员</td><td></td><td>现场设计代表</td><td></td></tr>
<tr><td>主要设计人员</td><td></td><td>现场设计代表</td><td>（根据实际情况填写）</td></tr>
<tr><td>设计内容</td><td colspan="3"></td></tr>
<tr><td rowspan="8">监理单位（若为多家单位，应分别填写）</td><td>单位名称</td><td colspan="3"></td></tr>
<tr><td>资质等级</td><td colspan="3"></td></tr>
<tr><td>地址</td><td colspan="3"></td></tr>
<tr><td>法定代表人</td><td colspan="3"></td></tr>
<tr><td>总监理工程师</td><td></td><td>电话</td><td></td></tr>
<tr><td>安全负责人</td><td></td><td>监理工程师</td><td></td></tr>
<tr><td>监理工程师</td><td></td><td>监理工程师</td><td>（根据实际情况填写）</td></tr>
<tr><td>负责的施工标段</td><td colspan="3"></td></tr>
</table>

续表

<table>
<tr><td rowspan="11">施工单位（标段）（若为多家单位，应分别填写）</td><td>单位名称</td><td colspan="3"></td></tr>
<tr><td>资质等级</td><td></td><td>证书编号</td><td></td></tr>
<tr><td>安全生产许可证号</td><td colspan="3"></td></tr>
<tr><td>法定代表人</td><td colspan="3"></td></tr>
<tr><td>单位安全总监</td><td colspan="3"></td></tr>
<tr><td>项目经理</td><td></td><td>电话</td><td></td></tr>
<tr><td>技术负责人</td><td></td><td>质检员</td><td></td></tr>
<tr><td>质量负责人</td><td></td><td>安全员</td><td></td></tr>
<tr><td>安全负责人</td><td></td><td>施工员</td><td>（根据实际情况填写）</td></tr>
<tr><td>特种作业人员</td><td>（工种）姓名</td><td>特种作业人员</td><td>（根据实际情况填写）</td></tr>
<tr><td>承建主要内容</td><td colspan="3"></td></tr>
<tr><td rowspan="7">金属结构制造单位（根据实际情况填写）</td><td>单位名称</td><td colspan="3"></td></tr>
<tr><td>生产许可证编号</td><td></td><td>允许生产设备品类及级别</td><td></td></tr>
<tr><td>地址</td><td colspan="3"></td></tr>
<tr><td>法定代表人</td><td colspan="3"></td></tr>
<tr><td>项目负责人</td><td></td><td>电话</td><td></td></tr>
<tr><td>制造主要内容</td><td colspan="3"></td></tr>
<tr><td>制造工程量</td><td colspan="3"></td></tr>
<tr><td rowspan="7">机电设备制造单位（根据实际情况填写）</td><td>单位名称</td><td colspan="3"></td></tr>
<tr><td>生产许可证编号</td><td></td><td>允许生产设备品类及级别</td><td></td></tr>
<tr><td>地址</td><td colspan="3"></td></tr>
<tr><td>法定代表人</td><td colspan="3"></td></tr>
<tr><td>项目负责人</td><td></td><td>电话</td><td></td></tr>
<tr><td>制造主要内容</td><td colspan="3"></td></tr>
<tr><td>制造工程量</td><td colspan="3"></td></tr>
</table>

注：工程建设中如有多家参建单位应分别填写，并注明所承担的标段名称。

附件 3

关于同意办理质量与安全监督手续的通知

×× 工程项目法人：

你单位《关于办理 ×× 工程质量与安全监督手续的请示》（文号）收悉。根据水利工程质量与安全监督工作有关规定，×× 质量与安全监督机构同意依法对 ×× 工程实施质量与安全监督。现将 ×× 工程质量监督书、安全监督登记表及安全监督相关要求告知书印发你单位，请按照要求做好相关工作。

附件：1. ×× 工程质量监督书

2. ×× 工程建设安全监督登记表

3. 水利工程建设安全监督相关要求告知书

×× 质量与安全监督机构

×× 年 × 月 × 日

附件 4

××工程建设质量监督书

根据水利工程质量监督工作有关规定，水利工程建设质量监督机构同意依法对××工程实施质量监督。质量监督工作不代替项目法人、代建、勘察、设计、施工、监理及其他单位的质量管理工作，项目法人对水利工程质量承担首要责任。根据工程特点，水利工程建设质量监督机构以抽查、抽样检测方式开展质量监督工作。监督范围为工程建设内容。监督期限自本监督书印发之日起至工程竣工验收委员会同意工程交付使用止（含合同质量保修期），具体要求如下。

一、施工初期

1. 监督交底

项目法人在第一次工地会议召开前 5 个工作日，通知水利工程建设质量与安全监督机构参加第一次工地会议。

2. 项目划分

根据 SL 176—2007《水利水电工程施工质量检验与评定规程》要求，项目法人应组织监理、设计及施工等单位进行工程项目划分，并确定主要单位工程、主要分部工程、重要隐蔽单元工程和关键部位单元工程。项目法人在主体工程开工前将项目划分表及说明书面报水利工程建设质量与安全监督机构确认。工程实施过程中，需对单位工程、主要分部工程、重要隐蔽单元工程和关键部位单元工程的项目划分进行调整时，项目法人应重新报送水利工程建设质量与安全监督机构确认。

单元工程及拟调整的分部工程划分结果应书面报送水利工程建设质量与安全监督机构备案。

3. 枢纽工程水工建筑物外观质量评定标准

项目法人应在主体工程开工初期，组织监理、设计及施工等单位，根据工程特点（工程等级及使用情况）和相关技术标准，提出枢纽工程中的水工建筑物外观质量标准，报水利工程建设质量与安全监督机构确认。

4. 未列出的外观质量标准及标准分类

根据SL 176—2007《水利水电工程施工质量检验与评定规程》要求，工程有附录中未列出的外观质量项目时，应根据工程情况和有关技术标准进行补充。其质量标准及标准分应由项目法人组织监理、设计及施工等单位研究确定后报水利工程建设质量与安全监督机构核备。

5. 临时工程质量检验及评定标准

对主体工程质量与安全有重要影响的临时工程质量检验及评定标准，应由项目法人组织监理、设计及施工等单位根据工程特点，参照《单元工程施工质量验收评定标准》和其他相关标准确定，并报水利工程建设质量与安全监督机构核备。

6. 未涉及的单元质量评定标准

对《单元工程施工质量验收评定标准》中未涉及的单元工程进行项目划分的同时，项目法人应组织监理、设计及施工等单位，根据未涉及的单元工程的技术要求（如新技术、新工艺的技术规范、设计要求和设备生产厂商的技术说明书等）制定施工、安装的质量评定标准，并按照水利部颁发的《水利水电工程单元工程施工质量验收评定标准》的统一格式制定相应的质量评定表格，报水利工程建设质量与安全监督机构批准。

7. 水利工程建设项目质量检测方案

项目法人在施工开始前，组织质量检测、监理等单位依据相关规定编制检测方案，报水利工程建设质量与安全监督机构备案。水利工程质量检测项目和数量按照《水利工程质量检测技术规程》及《山东省水利工程质量检测要点》确定。

工程实施过程中上述情况如有变化需重新报送。

二、质量核备

1. 重要隐蔽单元工程及关键部位单元工程质量

（1）项目法人组织隐蔽单元工程及关键部位单元工程验收时，提前2个工作日通知水利工程建设质量与安全监督机构。

（2）重要隐蔽单元工程及关键部位单元工程质量经施工单位自评合格、监理单位抽检后，由联合小组共同检查核定其质量等级并填写签证表，由项目法人及时报水利工程建设质量与安全监督机构核备。

2. 分部工程质量

（1）项目法人组织大型枢纽工程主要建筑物的分部工程验收时，提前 5 个工作日通知水利工程建设质量与安全监督机构。

（2）分部工程质量，经施工单位自评合格后，由监理单位复核，项目法人认定。项目法人应在分部工程验收通过之日后 10 个工作日内，将验收质量结论和相关资料报水利工程建设质量与安全监督机构核备。

3. 单位工程质量

（1）单位工程建成后，工程外观质量评定组（项目法人、设计、监理、施工、运行管理单位）负责工程外观质量评定，评定结论由项目法人报水利工程建设质量与安全监督机构核备。

（2）项目法人组织单位工程验收时，应提前 5 个工作日通知水利工程建设质量与安全监督机构。

（3）单位工程质量，在施工单位自评合格后，由监理单位复核，项目法人认定。项目法人应在单位工程验收通过之日起 10 个工作日内，将验收质量结论和相关资料报水利工程建设质量与安全监督机构核备。

4. 工程项目质量

（1）项目法人组织工程竣工验收自查前，应提前 10 个工作日通知水利工程建设质量与安全监督机构。

（2）工程项目质量，在单位工程质量评定合格后，由监理单位进行统计并评定工程项目质量等级，并经项目法人认定。项目法人在完成竣工验收自查工作之日起 10 个工作日内，将自查的工程项目质量结论和相关资料报水利工程建设质量与安全监督机构核备。

三、政府验收

1. 阶段验收

（1）项目法人在验收会议召开 10 个工作日前通知水利工程建设质量与安全监督机构。

（2）库容 1 亿立方米以上的大型（包括新建、续建、改建、加固、修复等）水利水电建设工程，蓄水安全鉴定的单位（即鉴定单位）专家组组成情况报工程验收主持单位和相应的水利工程质量监督部门核备。鉴定单位应将鉴定报告提交给项目法人，并抄报工程验收主持单位和水利工程质量监督部门。

2. 竣工验收

项目法人在验收会议召开 10 个工作日前通知水利工程建设质量与安全监督机构。

四、项目法人《质量月报》（次月 5 日前报送上月情况）

应当包括以下内容：

1. 工程施工进展概况；

2. 质量检测情况；

3. 参建单位、人员变更情况；

4. 工程验收及质量结论核备情况；

5. 施工质量汇总分析；

6. 质量缺陷备案情况。

五、其他事项

1. 项目法人应组织参建单位完善质量管理制度体系建设及有关资料，支持和配合监督机构人员进入现场开展监督检查等监督工作。

2. 工程因故暂停（或恢复）施工的，项目法人应当在工程暂停（或恢复）施工前 10 个工作日内书面报告监督机构。工程暂停施工期间，暂停对建设工程的质量监督工作。

其他未尽事宜按有关规定执行。

附件 5

水利工程建设安全监督登记表

<table>
<tr><td>工程名称</td><td colspan="2"></td></tr>
<tr><td colspan="3">×× 工程建设质量与安全监督机构：
（说明项目的基本情况，前期工作进展情况）。
根据《水利工程建设安全生产管理规定》（水利部令第 26 号，2019 年修正）、《水利工程建设项目管理规定（试行）》（水建〔1995〕128 号、2016 年修正）、《水利工程建设项目法人管理指导意见》（水建设〔2020〕258 号）等有关规定，现申请办理安全监督手续，并承诺对申请材料实质内容的真实性负责。
附件：1. 水利工程建设质量监督与安全监督备案登记表
2. 危险性较大的单项工程清单和安全生产管理措施

项目法人（章）

×× 年 ×× 月 ×× 日</td></tr>
<tr><td>登记机构</td><td colspan="2">已登记
附件：水利工程建设安全监督相关要求告知书

×× 工程建设质量与安全监督机构（章）

×× 年 ×× 月 ×× 日</td></tr>
</table>

附件6

水利工程建设安全监督相关要求告知书

依据《建设工程安全生产管理条例》《水利工程建设安全生产管理规定》《水利水电工程施工安全管理导则》等有关规定，项目法人应认真履行安全监督工作相关要求，并做好有关安全资料报送等工作，现将有关事项告知如下。

一、安全备案及报送内容

1. 保证安全生产的措施方案

项目法人应组织编制保证安全生产的措施方案，并于开工之日起15日内报有管辖权的水行政主管部门及安全生产监督机构备案。

保证安全生产的措施方案应当根据有关法律、法规、强制性标准和技术规范的要求并结合工程的具体情况编制。

2. 项目生产安全事故应急救援预案、专项应急预案

项目法人应组织制定项目生产安全事故应急救援预案、专项应急预案，并报项目主管部门和安全生产监督机构备案。项目生产安全事故应急救援预案可随同保证安全生产的措施方案同步备案，专项应急预案在相应专项工程开工前进行备案。

3. 拆除工程或者爆破工程方案

项目法人应在拆除工程或者爆破工程施工15日前，按规定将资料报送项目主管部门、安全生产监督机构备案。

4. 重大危险源辨识和安全评估结果

项目法人应将重大危险源辨识和安全评估的结果印发各参建单位，并报项目主管部门、安全生产监督机构及有关部门备案。

5. 重大事故隐患治理方案

重大事故隐患治理方案应由施工单位主要负责人组织制订，经监理单位审核，报项目法人同意后实施。项目法人应将重大事故隐患治理方案报项目主管部门和安全生产监督机构备案。

6. 重大事故隐患治理情况和效果评估

事故隐患治理完成后，项目法人应组织对重大事故隐患治理情况进行验证和效果评估，并签署意见，报项目主管部门和安全生产监督机构备案。

7. 上月、季、年隐患排查治理统计分析

项目法人应于每月 5 日前、每季第一个月的 15 日前和次年 1 月 31 日前，将上月、季、年隐患排查治理统计分析情况报项目主管部门、安全生产监督机构。

实施工程中上述情况如有变化需重新报送。

二、项目法人《安全月报》（次月 5 日前报送上月情况）

1. 重大危险源辨识和安全评估结果。
2. 重大事故隐患治理方案。
3. 重大事故隐患治理情况和效果评估。
4. 上月、季、年隐患排查治理统计分析。

三、即时报告内容

1. 重大事故隐患报告

任何单位和个人发现重大事故隐患，均有权向项目主管部门和安全生产监督机构报告。

2. 险情报告

对可能导致一般或较大安全事故的险情，项目法人、监理、施工等知情单位应按照项目管理权限立即报告项目主管部门、安全生产监督机构。对可能导致重大安全事故的险情，项目法人、监理、施工等知情单位应按项目管理权限立即报告项目主管部门、安全生产监督机构和工程所在地人民政府，必要时可越级上报至水利部工程建设事故应急指挥部办公室。

四、其他事项

1. 项目法人应组织参建单位完善安全生产管理制度体系建设及有关资料，支持和配合监督机构人员进入现场开展监督检查等工作。

2. 工程因故暂停（或恢复）施工的，项目法人应当在工程暂停（或恢复）施工前10个工作日内书面报告监督机构。工程暂停施工期间，暂停对建设工程的安全监督工作。

其他未尽事宜按有关规定执行。

附件 7

水利工程建设质量与安全监督补充（变更）备案表

工程名称	
×× 工程建设质量与安全监督机构： 我单位于 ×× 年 ×× 月 ×× 日办理完成（×× 工程）质量监督 / 安全监督登记手续，因（根据实际情况介绍，概述补充 / 变更监督内容），现按要求对补充（变更）的建设内容 / 单位 / 人员进行备案。 附件：水利工程建设质量监督与安全生产监督备案登记表 项目法人（章） ×× 年 ×× 月 ×× 日	

附件 8

关于 ×× 工程未按照规定办理质量与安全监督手续的报告

水行政主管部门：

××年××月××日，××工程建设质量与安全监督机构发现××项目未按照规定办理质量与安全监督手续，违反了××的规定。现将有关情况报告，建议按照××予以追责。

××工程建设质量与安全监督机构

××年××月××日

第三章
制定质量与安全监督工作计划

一、环节名称

制定质量与安全监督工作计划

二、实施机构

× × 工程建设质量与安全监督机构

三、申请主体

无

四、设立与实施依据

（一）质量监督工作计划

1.《水利工程质量监督管理规定》（水建〔1997〕339 号）第二十二条：“质量监督机构根据受监督工程的规模、重要性等，制订质量监督计划，确定质量监督的组织形式。在工程施工中，根据本规定对工程项目实施质量监督。”

2.《水利部办公厅关于印发水利建设工程质量监督工作清单的通知》（办监督〔2019〕211 号）制定监督计划：“（1）根据工程规模、建设工期长短和监督工作实际需要，编写监督工作计划，跨年度工程编写监督工作总计划和年度计划；（2）监督工作计划应明确监督项目站组织形式、监督任务、工作方式、工作重点等内容。在办理质量监督手续后及时编写监督工作计划并发送项目法人。”

（二）安全监督检查工作计划

1.《建设工程安全生产管理条例》（国务院令第 393 号）第四十四条：“建设行政主管部门或者其他有关部门可以将施工现场的监督检查委托给建设工程安全监督机构具体实施。”

2.《水利工程建设安全生产管理规定》（水利部令第 26 号，2019 年第三次修正）第二十六条：“水行政主管部门和流域管理机构按照分级管理权限，负责水利工程建设安全生产的监督管理。水行政主管部门或者流域管理机构委托的安全生产监督机构，负责水利工程施工现场的具体监督检查工作。”

五、办理条件

无。

六、材料目录

无。

七、办理结果

××工程质量与安全监督工作计划（注：跨年度工程编写质量监督工作总计划和质量监督年度计划）。

八、时间要求

（一）监督机构

在办理完质量与安全监督手续后 10 个工作日内完成。

九、办理咨询

咨询地址：山东省济南市历下区历山路 127 号（示例）。

十、办理流程

1. 办理。5 个工作日内完成。项目监督人员起草质量 / 安全监督工作计划。

2. 负责人签发。4 个工作日内完成。项目监督负责人对监督工作计划进行审核并签发。

3. 办文。1 个工作日内完成。进行排版、盖章、结束办文程序。

4. 送达结果。

十一、追责情形

无。

十二、附件（空表、样表、文书示例）

关于印发《××工程质量与安全监督工作计划》的通知

附件

关于印发《× × 工程质量与安全监督工作计划》的通知

× × 工程项目法人：

为提高质量与安全监督工作实效，根据《水利工程质量管理规定》（水利部令第 52 号）、《水利工程建设安全生产管理规定》（水利部令第 26 号，2019 年第三次修正）等有关规定，结合 × × 工程的施工内容及施工总进度安排，× × 工程建设质量与安全监督机构制订了监督工作计划，现印发你单位，请组织各参建单位做好配合工作。

本计划在执行过程中，根据工程实际进展以及监督工作需要，可作相应调整。

附件：× × 工程质量与安全监督工作计划

× × 工程建设质量与安全监督机构

× × 年 × × 月 × × 日

附件

×× 工程质量与安全监督工作计划

为保证质量与安全监督工作的顺利实施，使监督工作开展有序，明确责任和任务，依据《建设工程质量管理条例》（国务院令第 279 号）、《建设工程安全生产管理条例》（国务院令第 393 号）、《水利工程质量管理规定》（水利部令第 52 号）、《水利工程建设安全生产管理规定》（水利部令第 26 号，2019 年第三次修正）、《水利部办公厅关于印发水利建设工程质量监督工作清单的通知》（办监督〔2019〕211 号）等规定，×× 工程建设质量与安全监督机构制订质量与安全监督工作计划如下。

一、基本情况简要说明

工程概况、工期、投资等。

二、编制依据

本工程建设有关的法律、法规、强制性标准、合同、设计文件等。

三、监督组织形式和工作方式

水利工程建设质量与安全监督机构成立 ×× 工程质量与安

全监督站（组），成员如下：

站（组）长：

副站（组）长：

成员：

监督站（组）代表水利工程建设质量与安全监督机构对本工程具体开展质量与安全监督工作，监督站（组）成员为本工程质量监督责任人。监督站（组）采取巡查的方式对工程进行质量与安全监督，监督检查以抽查为主。监督站（组）按照规定可要求被监督检查单位提供有关文件和资料，进入工程现场和其他相关场所进行检查、抽样检测等，有关单位和个人应当支持与配合，不得拒绝或者阻碍质量安全监督检查人员依法执行职务。根据需要，监督组可邀请相关专家或技术人员协助开展工作。

四、监督工作任务及重点

（一）开工初期的监督

1. 依据项目法人申请，按有关规定完成项目划分确认；工程实施过程中，对项目法人重新报送的拟调整的单位工程、主要分部工程和重要隐蔽（关键部位）单元工程项目划分按规定进行调整确认。

2. 依据项目法人申请，完成项目法人上报资料确认、核备、批准等监督事项办理工作，包括确认或核备质量评定标准，备案质量检测方案、保证安全生产的措施方案、拆除工程或者爆破工程资料、项目生产安全事故应急救援预案、专项应急预案和重大危险源辨识和安全评估的结果等。

3. 全面复核各参建单位资质。对勘察、设计、监理、施工、检测、设备制造安装等单位的资质进行复核，主要包括：①勘察、设计、监理单位的营业执照、资质证书；②施工单位的营业执照、资质证书、安全生产许可证；③检测单位的水行政主管部门颁发的资质证书和市场监督管理局颁发的检验检测机构资质认定证书；④主要设备制造安装单位的营业执照。

4. 监督检查质量与安全管理体系建立情况。主要包括：①项目法人组织机构和内设部门成立，主要管理人员任命，人员配备，质量与安全管理制度建立情况等；②勘察设计单位现场设代机构成立，设代人员数量和专业配备，设计服务制度建立情况等；③监理单位监理部成立，总监、副总监和监理工程师等人员执业资格、按投标承诺到位和变更情况，质量控制与安全管理制度建立情况等；④施工单位项目部成立，项目经理、技术负责人、质检负责人等人员执业资格、按投标承诺到位和变更情况，质量保证与安全管理制度建立情况等；⑤检测单位人员执业资格、质量与安全管理制度建立情况；⑥主要设备制造安装单位现场人员配备，质量与安全管理制度建立情况等；⑦安全监测等其他单位现场人员配备，质量与安全管理制度建立情况等。

（二）施工高峰期的监督

1. 完成项目法人上报资料审核、备案等监督事项办理工作，主要包括：审核竣工验收工程质量抽样检测方案，备案质量缺陷、拆除工程或者爆破工程资料、重大危险源辨识和安全评估的结果和重大事故隐患排查治理情况等。

2. 检查工程质量终身责任制情况。结合质量管理体系运行情况检查，对工程质量终身质量责任制落实情况开展监督检查。

3. 检查工程建设强制性标准执行情况。检查参建单位对强制性标准的辨识和执行情况。

4. 复核各参建单位质量与安全管理体系变化调整情况，重点关注主要关键岗位人员情况。

5. 监督检查各参建单位质量与安全管理体系运行情况。在____年____月—____月施工高峰期期间，开展监督检查不少于____次。抽查项目法人质量与安全管理体系、勘察设计单位现场服务体系、监理单位质量控制与安全管理体系、施工单位质量保证与安全管理体系运行情况，涉及各参建单位质量行为和工程实体质量两个方面。抽查工程建设质量检验和验收情况。

6. 质量监督检测。在____年____月—____月主体工程施工期间，根据工程建设情况和监督工作委托符合资质要求的检测机构开展不少于____次的质量监督抽样检测，重点针对主体工程或影响工程结构安全的部位的原材料、中间产品和工程实体开展质量抽样检测。

（三）工程验收的监督及质量核备

根据工程建设情况，列席法人验收、参加政府验收，抽查工程建设验收情况，并按规定核备工程质量结论。

1. 列席法人验收。根据有关规定和工程建设实际，计划列席重要隐蔽（关键部位）单元工程首次联合检查验收，列席主要分部工程及单位工程验收，提出监督意见。

2. 参加政府验收。参加阶段验收和竣工验收会议，提交质量与安全监督工作报告。

3. 核备工程验收质量结论。对报送的核备资料进行抽查，从施工质量评定资料是否齐全、质量评定验收程序是否合规、监督检查问题是否完成整改等方面提出核备意见,并按要求进行核备。核备资料不满足规定要求的，待项目法人补充完善相关资料后，按规定办理核备手续。

五、有关要求

1. 各参建单位应按照法律、法规和有关制度的要求进一步加强质量和安全管理日常工作，保证关键岗位人员到岗履职，严格执行规范规程要求的工作程序，推动工程高质量建设。

2. 项目法人应进一步提升工程智能建造水平，提高 BIM 等技术在水利工程设计、施工中的应用水平，提高工程质量验收评定信息化水平，在监督手续办理、项目划分确认、工程质量结论核备等环节全面应用山东省水利工程质量与安全监督管理系统，提升质量与安全管理工作信息化水平。

第四章
确认工程项目划分

一、环节名称

确认工程项目划分

二、实施机构

× × 工程建设质量与安全监督机构

三、申请主体

项目法人（建设单位）

四、设立与实施依据

（一）《水利部办公厅关于印发水利建设工程质量监督工作清单的通知》（办监督〔2019〕211 号）

第 3 项 确认工程项目划分。

监督内容：1. 对项目法人提交的项目划分书面报告进行确认并将确认结果书面通知项目法人；2. 工程实施过程中，单位工程、主要分部工程、重要隐蔽单元工程和关键部位单元工程的项目划分发生调整时，重新确认。

监督标准或要求：督促项目法人在主体工程开工前书面报送工程项目划分表及说明，收到项目划分书面报告后，在 14 个工作日内对项目划分进行确认并将确认结果书面通知项目法人。

备注：项目法人未及时报送时，应书面要求项目法人及时报送工程项目划分。

（二）《关于印发水文设施工程质量评定暂行办法的通知》（水文计〔2016〕161 号）

第八条："水文设施工程质量评定应进行项目划分。项目按级划分为单位工程、分部工程、单元工程三级。项目划分工作由项目法人组织监理、施工及设计等单位进行。"第九条："水文设施工程项目划分应结合工程设计、施工部署、合同管理及项目验收等进行，划分结果应有利于工程质量管理。"第十条："单位工程应根据项目区域、项目类型、招标标段以及工程投资规模等情况进行合理划分。"第十一条："分部工程应根据工程特点，按照单位工程的主要组成部分及功能等情况进行合理划分。"第十二条："单元工程可参考国家或行业有关技术标准进行划分，同类型单元工程的工程量不宜相差太大；现有国家或行业有关技术标准未能涵盖的，可结合水文设施工程特点、施工部署和质量评定要求等情况进行合理划分。"第十三条："项目法人在工程开工前应将项目划分方案报相应的质量监督机构确认。工程实施过程中，需对单位工程和分部工程的项目划分进行调整时，项目法人应重新报送质量监督机构确认。”

（三）SL 176—2007《水利水电工程施工质量检验与评定规程》

3.1　项目名称

3.1.1　水利水电工程质量检验与评定应进行项目划分。项目按级划分为单位工程、分部工程、单元（工序）工程等三级。

3.1.2　工程中永久性房屋（管理设施用房）、专用公路、专用铁路等工程项目，可按相关行业标准划分和确定项目名称。

3.2　项目划分原则

3.2.1　水利水电工程项目划分应结合工程结构特点，施工部署及施工合同要求进行，划分结果应有利于保证施工质量以及施工质量管理。

3.2.2　单位工程项目的划分应按下列原则确定：

1　枢纽工程，一般以每座独立的建筑物为一个单位工程。当工程规模大时，可将一个建筑物中具有独立施工条件的一部分划分为一个单位工程。

2　堤防工程，按招标标段或工程结构划分单位工程。规模较大的交叉联结建筑物及管理设施以每座独立的建筑物为一个单位工程。

3　引水（渠道）工程，按招标标段或工程结构划分单位工程。大、中型引水（渠道）建筑物以每座独立的建筑物为一个单位工程。

4　除险加固工程，按招标标段或加固内容，并结合工程量划分单位工程。

3.2.3　分部工程项目的划分应按下列原则确定

1　枢纽工程，土建部分按设计的主要组成部分划分。金属结构及启闭机安装工程和机电设备安装工程按组合功能划分。

2　堤防工程，按长度或功能划分。

3　引水（渠道）工程中的河（渠）道按施工部署或长度划分。大、中型建筑物按工程结构主要组成部分划分。

4　除险加固工程，按加固内容或部位划分。

5　同一单位工程中，各个分部工程的工程量（或投资）不宜相差太大，每个单位工程中的分部工程数目，不宜少于 5 个。

3.2.4　单元工程项目的划分应按下列原则确定

2　河（渠）道开挖、填筑及衬砌单元工程划分界限宜设在变形缝或结构缝处，长度一般不大于 100m。同一分部工程中各单元工程的工程量（或投资）不宜相差太大。

3　《单元工程评定标准》中未涉及的单元工程可依据工程结构、施工部署或质量考核要求，按层、块、段进行划分。

3.3　项目划分程序

3.3.1　由项目法人组织监理、设计及施工等单位进行工程项目划分，并确定主要单位工程、主要分部工程、重要隐蔽单元工程和关键部位单元工程。项目法人在主体工程开工前将项目划分表及说明书面报相应工程质量监督机构确认。

3.3.2　工程质量监督机构收到项目划分书面报告后，应在 14 个工作日内对项目划分进行确认并将确认结果书面通知项目法人。

3.3.3　工程实施过程中，需对单位工程、主要分部工程、重要隐蔽单元工程和关键部位单元工程的项目划分进行调整时，项目法人应重新报送工程质量监督机构确认。

（四）SL 631 ~ 637—2012，SL 638、639—2013《水利水电工程单元工程施工质量验收评定标准》

3 基本规定

3.1 一般要求

3.1.1 单元工程划分应符合下列要求

1 分部工程开工前应由建设单位或监理单位组织设计、施工等单位，根据本标准要求，共同划分单元工程。

2 建设单位应根据工程性质和部位确定重要隐蔽单元工程和关键部位单元工程。

3 单元工程划分结果应书面报送质量监督机构备案。

（五）SL 694—2015《水利系统通信工程质量评定规程》

3 项目划分

3.1 项目名称及划分原则

3.1.1 水利系统通信工程质量评定应进行项目划分。项目按级划分为单位工程、分部工程、单元工程三级。

3.1.2 工程项目划分应结合工程设计、施工部署及施工合同要求进行，划分结果应有利于保证工程质量及工程质量管理。

3.1.3 单位工程应按通信类别（或独立应用系统）进行划分。

3.1.4 分部工程应根据每个项目的特点，按照单位工程的主要组成部分及功能进行划分。

3.1.5 单元工程应依据工程组成或质量考核要求进行划分。

3.2 项目划分程序

3.2.1 项目法人应组织监理、设计及施工等单位进行工程项目划分，并确定单位工程、分部工程。项目法人应在主体工程开工前将项目划分书面报告相应质量监督单位确认。

3.2.2　工程质量监督单位收到项目划分书面报告后，应将结果书面通知项目法人。

3.2.3　工程实施过程中，需对单位工程、分部工程的项目划分进行调整时，项目法人应将项目调整内容的书面报告重新报相应质量监督单位进行确认。

五、办理条件

符合项目划分的程序、项目划分原则，完整无漏项。

六、材料目录

（一）工程项目划分确认

1. 工程项目划分确认申请。
2. 项目划分表及说明。

（二）工程项目划分调整

1. 工程项目划分调整确认申请。
2. 项目划分表及说明。

（三）单元工程 / 分部工程划分（调整）结果备案

1. ×× 工程单元工程 / 分部工程划分（调整）备案申请表。
2. 单元工程 / 分部工程划分表及说明。

材料形式：原件 1 份，Excel 电子版。

七、办理结果

1. 工程项目划分或调整，反馈《关于确认 ×× 工程项目划分的通知》或《关于不予确认工程项目划分的函》。

2. 收到单元工程 / 分部工程划分或调整结果后存档，对不符合要求的情况书面反馈《关于 ×× 工程 ×× 单元工程 / 分部工程划分（调整）备案资料审核意见的函》。

八、时间要求

项目法人在主体工程开工前报送项目划分确认申请及相关材料。工程实施过程中，单位工程、主要分部工程、重要隐蔽单元工程和关键部位单元工程的项目划分调整的，施工前 5 个工作日内重新报送质量监督机构确认。监督机构收到项目划分确认申请后，在 14 个工作日内对项目划分进行确认并将确认结果书面通知项目法人。

单元工程及拟调整的分部工程划分结果在施工前 5 个工作日内书面报送质量监督机构备案。监督机构收到项目划分备案表后存档，对不符合要求的情况 3 个工作日内书面反馈意见。

九、办理咨询

咨询地址：山东省济南市历下区历山路 127 号（示例）。

十、办理流程

1. 收件。申请人提交申请材料，监督机构收到申请后，启动办理程序。

2. 办理。10 个工作日内完成。必要时组织专家咨询，专家咨询不计入办理时限。

承办人员对申请材料是否符合要求进行审核，拟定《关于确认 ×× 工程项目划分的通知》或《关于不予确认 ×× 工程项目划分的函》。需进行集体研究、汇报沟通的，在此期间完成。

3. 负责人签发。3 个工作日内完成。项目监督负责人对承办人员办理意见进行审核并签发。

4. 办文。1 个工作日内完成。进行排版、盖章，结束办文程序。

5. 送达结果。

十一、追责情形

主体工程开工前，未按照有关规定办理项目划分确认的，按照《水利工程建设质量与安全生产监督检查办法（试行）》中责任追究标准及有关规定，采取书面督促、责令整改等方式进行处理。

十二、附件（空表、样表、文书示例）

附件 1　关于 ×× 工程项目划分确认的申请

附件 2　关于 ×× 工程项目划分调整确认的申请

附件 3　关于确认 ×× 工程项目划分的通知

附件 4　关于不予确认 ×× 工程项目划分的函

附件 5　×× 工程单元工程 / 分部工程划分（调整）备案表

附件 6　关于 ×× 工程 ×× 单元工程 / 分部工程划分（调整）备案资料审核意见的函

附件 7　关于报送 ×× 工程项目划分的函

附件 8　重要隐蔽（关键部位）单元工程划分参考

附件 1

关于 ×× 工程项目划分确认的申请

×× 工程建设质量与安全监督机构：

我单位已组织设计、施工、监理等单位按照规定完成了 ×× 工程项目的划分（简要介绍项目划分情况），现将项目划分表及说明报你单位，请予以确认。

附件：项目划分表及说明

项目法人（章）

×× 年 ×× 月 ×× 日

附件 2

关于 ×× 工程项目划分调整确认的申请

×× 工程建设质量与安全监督机构：

因 ×× 原因，我单位组织设计、施工、监理等单位，按照规定，对 ×× 工程的项目划分进行了调整，调整的主要内容为 ××，现将调整后的项目划分表及说明上报你单位，请予以确认。

附件：项目划分表及说明

项目法人（章）

×× 年 ×× 月 ×× 日

附件 3

关于确认 ×× 工程项目划分的通知

×× 工程项目法人：

×× 年 × 月 × 日，你单位上报的《关于 ×× 工程项目划分确认的申请》已收悉。根据《水利水电工程施工质量检验与评定规程》（SL 176—2007）、《建筑工程施工质量验收统一标准》（GB 50300—2013）等有关规范规定，结合本工程实际情况，同意你单位对本项目划分为 ×× 个单位工程（其中 ×× 个主要单位工程），×× 个分部工程（其中 ×× 个主要分部工程），×× 个关键部位单元工程，×× 个重要隐蔽单元工程。

工程实施过程中，你单位应在单元工程项目划分确认后及时报送备案。需对单位工程、主要分部工程、重要隐蔽单元工程和关键部位单元工程的项目划分进行调整时，应重新报我单位确认。

附件：×× 工程项目划分确认表

×× 质量与安全监督机构

×× 年 × 月 × 日

附件 4

关于不予确认 ×× 工程项目划分的函

×× 工程项目法人：

×× 年 × 月 × 日，你单位上报的 ×× 工程项目划分确认申请已收悉。我单位组织进行了技术审查。经审查，主要单位工程 / 主要分部工程 / 重要隐蔽单元工程和关键部位单元工程项目划分（不符合项目划分的程序、项目划分原则，内容不完整，不利于保证施工质量以及施工质量管理），不符合 SL 176—2007《水利水电工程施工质量检验与评定规程》第 ×× 条规定，本单位决定不予确认。

请你单位在 5 个工作日内完善项目划分方案，重新办理项目划分确认。

×× 工程建设质量与安全监督机构（章）

×× 年 ×× 月 ×× 日

附件 5

××工程单元工程/分部工程划分（调整）备案申请表

工程名称	
××工程建设质量与安全监督机构： 划分备案：我单位已组织完成××工程单元工程划分的编制，请予以备案。 调整备案：因××，我单位对××工程××单元工程/分部工程划分进行调整，请予以备案。 附件：单元工程划分表及说明 项目法人（章） ××年××月××日	

附件 6

关于 ×× 工程 ×× 单元工程 / 分部工程划分（调整）备案资料审核意见的函

×× 工程项目法人：

×× 年 ×× 月 ×× 日，你单位报送的 ×× 工程 ×× 单元工程 / 分部工程划分（调整）备案资料收悉。经审查，×× 单元工程 / 分部工程划分（调整）备案资料存在如下问题：

（具体问题描述）

综上，项目法人应组织相关单位对上述问题认真整改，完善有关资料后重新报送。

×× 工程建设质量与安全监督机构（章）

×× 年 ×× 月 ×× 日

附件 7

关于报送 ×× 工程项目划分的函

×× 工程项目法人：

根据SL 176—2007《水利水电工程施工质量检验与评定规程》等有关规定、规范，项目法人应组织监理、设计及施工等单位进行工程项目划分，并确定主要单位工程、主要分部工程、重要隐蔽单元工程和关键部位单元工程。应在主体工程开工（×× 年 ×× 月 ×× 日）前将项目划分表及说明书面报水利工程质量与安全监督机构确认。单元工程及拟调整的分部工程划分结果在施工前书面报送质量监督机构备案。

你单位已于 ×× 年 ×× 月 ×× 日开始主体工程施工。截至目前，未收到你单位的确认申请 / 备案表，请你单位在 5 个工作日内按要求将有关资料报送至监督机构。逾期未报送的，×× 工程建设质量与安全监督机构将依法进行责任追究。

×× 工程建设质量与安全监督机构（章）

×× 年 ×× 月 ×× 日

附件 8

重要隐蔽（关键部位）单元工程项目划分参考

内容	定义	堤防工程	水闸工程	渠道工程	管道工程	泵站工程
重要隐蔽单元工程	主要建筑物的地基开挖、地下洞室开挖、地基防渗、加固处理和排水等隐蔽工程中，对工程安全或使用功能有严重影响的单元工程。主要建筑物的隐蔽工程中，涉及严重影响建筑物安全或使用功能的单元工程称为重要隐蔽工程。如主坝坝基开挖中涉及断层或裂隙密集带的单元工程是重要隐蔽单元工程	堤基开挖、堤基处理、堤基防渗、堤身防渗、建筑物地基开挖、建筑物地基处理、建筑物基础	闸基土方开挖、闸基处理、闸基础	渠道防渗	涉及槽基处理的单元工程、顶管工程、转角处单元工程	（泵站、水闸等）地基开挖、（泵站、水闸等）地基处理、（泵站、水闸）基础、泵站地基防渗
关键部位单元工程	对工程安全、或效益、或使用功能有显著影响的单元工程。关键部位单元工程，包括土建类工程、金属结构及启闭机安装工程中属于关键部位的单元工程	堤身与建筑物结合部填筑、堤身填筑	底板混凝土浇筑、二期混凝土浇筑（埋件）	与建筑物相邻的（砌、筑）单元工程	蝶阀安装	二期混凝土（埋件）、水泵基座混凝土、水泵安装、压力钢管安装

注：重要隐蔽（关键部位）单元工程不仅限于表格所列内容，应结合工程实际进行划分。

第五章
确认或核备质量评定标准

一、环节名称

确认或核备质量评定标准

二、实施机构

××工程建设质量与安全监督机构

三、申请主体

项目法人（建设单位）

四、设立与实施依据

（一）《水利部办公厅关于印发水利建设工程质量监督工作清单的通知》（办监督〔2019〕211号）

第4项　确认或核备质量评定标准。

监督内容：1. 对项目法人报送的枢纽工程外观质量评定标准进行确认；2. 对规程中未列出的外观质量项目，核备其质量标准及标准分；3. 对项目法人报送的临时工程质量检验及评定标准进行核备。

监督标准或要求：1. 督促项目法人在枢纽工程主体工程开工初期报送外观质量评定标准，并及时进行确认；2. 对规程中未列出的外观质量项目，督促项目法人组织研究确定其质量标准及标准分，并及时进行核备。

备注：项目法人未及时报送时，应书面要求项目法人及时报送项目外观质量评定标准进行确认或核备。

（二）SL 176—2007《水利水电工程施工质量检验与评定规程》

（1）外观质量评定标准核备

A.1.2　附录中的外观质量评定表列出的某些项目，如实际工程中无该项内容，应在相应检查、检测栏内用斜线“/”表示；工程中有附录中未列出的外观质量项目时，应根据工程情况和有关技术标准进行补充。其质量标准及标准分应由项目法人组织监理、设计、施工等单位研究确定后报工程质量监督机构核备。

A.2.2　项目法人应在主体工程开工初期，组织设计，施工等单位根据工程特点和相关技术标准，提出表 A.2.1 所列各项目的质量标准，报工程质量监督机构确认。

（2）临时工程质量检验及评定标准核备

4.2.2　临时工程质量检验及评定标准，应由项目法人组织监理、设计及施工单位根据工程特点，参照《单元工程评定标准》和其他相关标准确定，并报相应的工程质量监督机构核备。

条文说明 4.2.2　临时工程（如：围堰、导流隧洞、导流明渠……）质量直接影响主体工程质量、进度与投资，应予以重视，不同工程对临时工程质量要求也不同，故无法作统一规定，因此，条文规定由项目法人、监理、设计及施工单位根据工程特点，参照《单元工程评定标准》的要求研究决定，并报相应的工程质量监督机构核备，同时，也应按照本章有关规定对其进行质量检验和评定。

（3）《单元工程评定标准》中未涉及的单元工程质量评定标准批准

条文说明 4.1.7　对《单元工程评定标准》中未涉及的单元工程进行项目划分的同时，项目法人应组织监理、设计和施工单位，根据未涉及的单元工程的技术要求（如新技术、新工艺的技术规范、设计要求和设备生产厂商的技术说明书等）制定施工、安装的质量评定标准，并按照水利部颁发的《水利水电工程施工质量评定表》的统一格式（表头、表身、表尾）制定相应的质量评定表格。按水利部办建管〔2002〕182 号文规定，上述单元工程的质量评定标准和表格，地方项目须经省级水行政主管部门或其委托的工程质量监督机构批准。

五、办理条件

质量评定标准制定的依据充分，外观质量检验评定的项目、评定标准、评定办法合理，内容完整无漏项，评定项目的检验方法、检验频次正确。

六、材料目录

（一）枢纽工程水工建筑物外观质量评定标准

1. 枢纽工程水工建筑物外观质量评定标准确认申请。

2. 枢纽工程水工建筑物外观质量评定标准。

（二）规程中未列出的外观质量评定标准

1. 规程中未列出的外观质量评定标准及标准分核备申请。

2. 规程中未列出的外观质量评定标准及标准分。

（三）临时工程质量检验及评定标准

1. 临时工程质量检验及评定标准核备申请。

2. 临时工程质量检验及评定标准。

（四）《单元工程评定标准》中未涉及的单元工程质量评定标准

1.《单元工程评定标准》中未涉及的单元工程质量评定标准核备申请。

2.《单元工程评定标准》中未涉及的单元工程质量评定标准及表格。

材料形式：原件 1 份，PDF 电子版。

七、办理结果

1.《关于 ×× 工程 ×× 评定标准的核备（确认）意见》

2.《关于 ×× 工程 ×× 评定标准审核意见的函》

八、时间要求

项目法人在主体工程开工 1 个月内，将枢纽工程水工建筑物外观质量评定表各项目的质量标准（规程中未列出的外观质量评定标准及标准分）报 ×× 工程建设质量与安全监督机构确认（核备）。

项目法人在临时工程开工前 1 个月内，将临时工程质量检验及评定标准报 ×× 工程建设质量与安全监督机构核备。

单元工程项目划分时，项目法人将《单元工程评定标准》中未涉及的单元工程质量评定标准报 ×× 工程建设质量与安全监督机构批准。

监督机构收到申请后，10 个工作日内将核备结果书面反馈项目法人。

九、办理咨询

咨询地址：山东省济南市历下区历山路 127 号（示例）。

十、办理流程

1. 收件。申请人提交申请材料，×× 工程建设质量与安全监督机构收到申请后，启动办理程序。

2. 办理。6 个工作日内完成。必要时组织专家咨询。

承办人员对申请材料是否符合要求进行审核，拟定《关于（不予）确认 ×× 枢纽工程水工建筑物外观质量评定标准的函》《关于（不予）核备 ×× 工程〈规程〉中未列出的外观质量评定标准的函》《关于（不予）核备 ×× 工程临时工程质量检验及评定标准的函》《关于（不予）批准 ×× 工程〈单元工程评定标准〉中未涉及的项目质量评定标准的函》。需进行集体研究、汇报沟通的，在此期间完成。

3. 负责人签发。3 个工作日内完成。项目监督负责人对办理意见进行审核并签发。

4. 办文。1 个工作日内完成。进行排版、盖章，结束办文程序。

5. 送达结果。

十一、追责情形

对于未按照有关规定确认或核备质量评定标准的，按照《水利工程建设质量与安全生产监督检查办法（试行）》中责任追究标准及有关规定，采取书面督促、责令整改等方式进行处理。

十二、附件（空表、样表、文书示例）

附件 1　关于核备（确认）×× 工程质量评定标准的申请

附件 2　关于 ×× 工程 ×× 评定标准的核备（确认）意见

附件 3　关于 ×× 工程 ×× 评定标准审核意见的函

附件 4　关于报送 ×× 工程质量评定标准的函

附件 1

关于核备（确认）×× 工程质量评定标准的申请

×× 工程建设质量与安全监督机构：

根据工程特点，我单位已组织设计、施工、监理单位按照质量评定的有关规定，研究确定了 ×× 工程项目的枢纽工程水工建筑物外观质量评定标准 / 规程中未列出的外观质量评定标准 / 临时工程质量检验及评定标准 /《单元工程评定标准》中未涉及的单元工程质量评定标准，现将有关质量评定标准上报你单位，请予以核备（确认）。

附件：1. 枢纽工程水工建筑物外观质量评定标准

2.《规程》中未列出的外观质量评定标准及标准分

3. 临时工程质量检验及评定标准

4.《单元工程评定标准》中未涉及的单元工程质量评定标准和表格

项目法人（章）

×× 年 ×× 月 ×× 日

附件 2

关于 ×× 工程 ×× 评定标准的核备（确认）意见

×× 工程项目法人：

×× 年 ×× 月 ×× 日，你单位报送的《关于核备（确认）×× 工程 ×× 评定标准的申请》已收悉。经审查，《×× 工程 ×× 评定标准》基本符合《水利水电工程施工质量检验与评定标准》（SL 176—2007）的相关要求，同意核备（确认）。

在工程实施过程中，对此工程 ×× 评定标准进行调整修编时，项目法人应以正式文件重新报送监督机构核备（确认）。

×× 工程建设质量与安全监督机构（章）

×× 年 ×× 月 ×× 日

附件 3

关于 ×× 工程 ×× 评定标准审核意见的函

×× 工程项目法人：

××年××月××日，你单位报送的《关于核备（确认）×× 工程 ×× 评定标准的申请》收悉。经审查，《×× 工程 ×× 评定标准》存在如下问题：（具体问题描述）

综上，×× 评定标准不符合《水利水电工程施工质量检验与评定规程》（SL 176—2007）的相关要求，不满足核备（确认）条件。请按有关规定认真修改完善后以正式文件重新报送。

×× 工程建设质量与安全监督机构（章）

××年××月××日

附件 4

关于报送 ×× 工程质量评定标准的函

×× 工程项目法人：

根据SL 176—2007《水利水电工程施工质量检验与评定规程》等有关规定、规范，你单位应组织监理、设计及施工等单位，按照质量评定的有关规定，确定工程项目的枢纽工程水工建筑物外观质量评定标准、《规程》中未列出的外观质量项目评定标准及标准分、临时工程质量检验及评定标准和《单元工程评定标准》中未涉及的单元工程质量评定标准，并在主体（相应）工程开工前将质量评定标准书面报工程质量监督机构核备（确认）。

截至目前，×× 工程建设质量与安全监督机构未收到 ×× 工程质量评定标准的核备（确认）申请，请你单位在 5 个工作日内按要求将有关资料报送至监督机构。逾期未报送的，×× 工程建设质量与安全监督机构将按规定进行责任追究。

×× 工程建设质量与安全监督机构（章）

×× 年 ×× 月 ×× 日

第六章
备案水利工程建设项目质量检测方案

一、环节名称

备案水利工程建设项目质量检测方案

二、实施机构

× × 工程建设质量与安全监督机构

三、申请主体

项目法人（建设单位）

四、设立与实施依据

（一）《山东省水利工程建设管理办法》（鲁水规字〔2021〕6 号）

第三十条：“实行第三方质量检测的水利工程项目，项目法人可组织质量检测、监理等单位依据相关规定编制检测方案，报质量监督机构备案。水利工程质量检测项目和数量按照《水利工程质量检测技术规程》及《山东省水利工程质量检测要点》确定。

检测单位应当及时向委托方提交检测报告，参与法人验收和政府验收活动。检测单位发现工程存在重大质量安全问题、有关参建单位违反法律、法规和强制性标准的，应及时报告委托方和主管部门。”

（二）SL 734—2016《水利工程质量检测技术规程》

3.0.2　项目法人在施工开始，应委托具有相应资质的检测单位对工程质量进行全过程检测，项目法人可组织检测单位、监理等单位依据相关规定编制检测方案，报质量监督机构备案。

附录 A　水利工程项目法人全过程检测的基本要求

A.0.4　检测方案由项目法人提出编写原则及要求，受委托的检测单位负责编写，最后由项目法人认定，报质量监督机构备案。

A.0.5　检测方案应根据工程的实际情况编写，内容主要包括原材料、中间产品、构（部）件质量检测频次和数量，工程实体需明确检测的工程项目以及工程项目中的检测项目、检测单元的划分、采用的检测方法、测区、测点和测线的布置、质量评价的依据等。

A.0.6　原材料、中间产品、构（部）件质量检测数量宜按照下列原则确定：

1　原材料检测数量为施工单位检测数量的 1/5 ~ 1/10。

2　中间产品、构（部）件的检测数量为施工单位检测数量的 1/10 ~ 1/20。

A.0.7　工程实体质量应按照项目法人认定的检测方案中的检测项目、方法、数量进行检测。

A.0.8　实施过程中可根据工程变化情况和需要对原检测方案进行修改。

五、办理条件

申请材料齐全，符合法定形式。

六、材料目录

1. 水利工程建设项目质量检测方案备案申请表。
2. ×× 工程质量检测方案。
3. 项目法人的认定意见（或批复文件）。

材料形式：原件 1 份，PDF 电子版。

七、办理结果

收到资料后存档。对不符合要求的情况，出具《关于 ×× 工程质量检测方案备案资料审核意见的函》。

八、时间要求

项目法人：在主体工程开工前报送。

监督机构：收到申请材料及时存档或在 3 个工作日内反馈审核结果。

九、办理咨询

咨询地址：山东省济南市历下区历山路 127 号（示例）。

十、办理流程

1. 收件。申请人提交申请材料，监督机构收到申请材料后，启动办理程序。

2. 办理。承办人员对申请资料进行审查，满足要求的存档。不满足要求的，2 个工作日内提出审核意见。

3. 负责人签发。1 个工作日内完成。项目监督负责人对承办人员办理意见进行审核并签发。

4. 送达结果。

十一、追责情形

对于未按照有关规定提交项目质量检测方案的，按照《水利工程建设质量与安全生产监督检查办法（试行）》中责任追究标准及有关规定，采取书面督促、责令整改等方式进行处理。

十二、附件（空表、样表、文书示例）

附件 1. 水利工程建设项目质量检测方案备案申请表

附件 2. 关于 ×× 工程质量检测方案备案资料审核意见的函

附件 1

水利工程建设项目质量检测方案备案申请表

<table>
<tr><td>工程名称</td><td></td></tr>
<tr><td colspan="2">× × 工程建设质量与安全监督机构：

我单位已组织完成 × × 工程质量检测方案的编制，请予以备案。
附件：1. × × 工程质量检测方案
2. 项目法人的认定意见（或批复文件）

项目法人（章）
× × 年 × × 月 × × 日</td></tr>
</table>

附件 2

关于 ×× 工程质量检测方案备案资料审核意见的函

×× 工程项目法人：

×× 年 ×× 月 ×× 日，你单位报送的《×× 工程质量检测方案》收悉。经审查,《×× 工程质量检测方案》存在如下问题:（具体问题描述）

综上，项目法人应组织相关单位对上述问题认真整改，完善有关资料后重新报送。

×× 工程建设质量与安全监督机构（章）

×× 年 ×× 月 ×× 日

第七章
审核竣工验收工程质量抽样检测方案

一、环节名称

审核竣工验收工程质量抽样检测方案

二、实施机构

× × 工程建设质量与安全监督机构

三、申请主体

项目法人（建设单位）

四、设立与实施依据

（一）SL 223—2008《水利水电建设工程验收规程》

8.3.1　根据竣工验收的需要，竣工验收主持单位可以委托具有相应资质的工程质量检测单位对工程质量进行抽样检测。项目法人应与工程质量检测单位签订工程质量检测合同。检测所需费用由项目法人列支，质量不合格工程所发生的检测费用由责任单位承担。

8.3.2　工程质量检测单位不得与参与工程建设的项目法人、设计、监理、施工、设备制造（供应）商等单位隶属同一经营实体。

8.3.3　根据竣工验收主持单位的要求和项目的具体情况，项目法人应负责提出工程质量抽样检测的项目、内容和数量，经质量监督机构审核后报竣工验收主持单位核定。

五、办理条件

项目法人已提出工程质量抽样检测的项目、内容和数量，并组织参建单位编写《竣工验收工程质量抽样检测方案》。

六、材料目录

1. 水利工程竣工验收质量抽样检测方案审核表。

2. 竣工验收工程质量抽样检测方案。

材料形式：原件 1 份，PDF 电子版。

七、办理结果

水利工程竣工验收质量抽样检测方案审核表。

八、时间要求

项目法人（建设单位）：申请竣工验收前。

监督机构：7 个工作日内。

九、办理咨询

咨询地址：山东省济南市历下区历山路 127 号（示例）。

十、办理流程

1. 收件。申请人提交申请材料，监督机构收到申请后，启动办理程序。

2. 办理。3 个工作日内完成。承办人员对竣工验收工程质量抽样检测方案进行审核，并提出审核意见。必要时组织专家咨询。

3. 负责人审核。2 个工作日内完成。项目监督负责人对承办人员审核意见进行确认。

4. 送达结果。2 个工作日内完成。排版、送达结果。

十一、追责情形

对于未按照有关规定提交工程竣工验收质量抽样检测方案的，按照《水利工程建设质量与安全生产监督检查办法（试行）》中责任追究标准及有关规定，监督机构采取书面督促、印发整改通知责令整改等方式进行处理。对于书面督促后仍未按要求提报有关资料、不配合问题整改落实等情况，监督机构提出责任追究意见建议，报请水行政主管部门做出行政处罚、行政强制决定。

十二、附件（空表、样表、文书示例）

附件　水利工程竣工验收质量抽样检测方案审核表

附件

水利工程竣工验收质量抽样检测方案审核表

<table>
<tr><td>工程名称</td><td></td></tr>
<tr><td colspan="2">× × 工程建设质量与安全监督机构：
我单位已提出工程质量抽样检测的项目、内容和数量，完成 × × 工程质量抽样检测方案的编制，请予以审核。

项目法人（章）
× × 年 × × 月 × × 日</td></tr>
<tr><td>审核意见</td><td>1. 检测项目：
2. 检测内容：
3. 检测数量：

× × 工程建设质量与安全监督机构（章）
× × 年 × × 月 × × 日</td></tr>
</table>

第八章
备案质量缺陷备案表

一、环节名称

备案质量缺陷备案表

二、实施机构

××工程建设质量与安全监督机构

三、申请主体

项目法人（建设单位）

四、设立与实施依据

（一）SL 176—2007《水利水电工程施工质量检验与评定规程》

4.4.3 在施工过程中，因特殊原因使得工程个别部位或局部发生达不到技术标准和设计要求（但不影响使用），且未能及时进行处理的工程质量缺陷问题（质量评定仍定为合格），应以工程质量缺陷备案形式进行记录备案。

4.4.4　质量缺陷备案表由监理单位组织填写，内容应真实、准确、完整。各工程参建单位代表应在质量缺陷备案表上签字，若有不同意见应明确记载。质量缺陷备案表应及时报工程质量监督机构备案。质量缺陷备案资料按竣工验收的标准制备。工程竣工验收时，项目法人应向竣工验收委员会汇报并提交历次质量缺陷备案资料。

五、办理条件

申请材料齐全，符合法定形式。

六、材料目录

1. 水利工程建设质量缺陷备案申请表。

2. 工程质量缺陷备案台账。

3. 水利工程建设质量缺陷备案表。

材料形式：原件 1 份，PDF 格式。

七、办理结果

收到资料后存档。对不符合要求的情况，出具《关于 ×× 工程质量缺陷备案资料审核意见的函》。

八、时间要求

项目法人：及时报送。

监督机构：收到申请材料及时存档或在 3 个工作日内反馈审核结果。

九、办理咨询

咨询地址：山东省济南市历下区历山路 127 号（示例）。

十、办理流程

1. 收件。申请人提交申请材料，监督机构收到申请后，启动办理程序。

2. 办理。承办人员对申请资料进行审查，满足要求的存档。不满足要求的，2 个工作日内提出审核意见。

3. 负责人签发。1 个工作日内完成。负责人对承办人员办理意见进行审核并签发。

4. 送达结果。

十一、追责情形

对于未按照有关规定办理质量缺陷备案手续的，按照《水利工程建设质量与安全生产监督检查办法（试行）》中责任追究标准及有关规定，采取书面督促、责令整改等方式进行处理。

十二、附件（空表、样表、文书示例）

附件 1　水利工程建设质量缺陷备案申请表

附件 2　工程质量缺陷备案台账

附件 3　关于 ×× 工程质量缺陷备案资料审核意见的函

附件 4　关于报送 ×× 工程质量缺陷备案表的函

附件 1

水利工程建设质量缺陷备案申请表

<table>
<tr><td>工程名称</td><td></td></tr>
<tr><td colspan="2">× × 工程建设质量与安全监督机构：
我单位编制完成 × × 工程的质量缺陷备案表，现申请备案。
附件：1. 工程质量缺陷备案台账
2. 水利工程建设质量缺陷备案表

项目法人（章）
× × 年 × × 月 × × 日</td></tr>
</table>

附件 2

工程质量缺陷备案台账

工程项目名称：

序号	单位工程	分部工程	缺陷类别	缺陷处理情况	缺陷处理评定验收时间	备注

单位（章）：　　　　　　填写人：

附件 3

关于 ×× 工程质量缺陷备案资料审核意见的函

×× 工程项目法人：

×× 年 ×× 月 ×× 日，你单位报送的 ×× 工程质量缺陷备案申请收悉。经审查,《×× 工程质量缺陷备案表》存在如下问题：（具体问题描述）

综上，项目法人应组织相关单位对上述问题认真整改，完善有关资料后重新报送。

×× 工程建设质量与安全监督机构（章）

×× 年 ×× 月 ×× 日

附件 4

关于报送 ×× 工程质量缺陷备案表的函

×× 工程项目法人：

根据监督检查情况及 ×× 等有关规定规范，你单位应 ××。

截至目前，（×× 工程建设质量与安全监督机构）未收到 ×× 工程的质量缺陷备案表，你单位应在 5 个工作日内按要求将有关资料报送至监督机构。逾期未报送的，将按有关规定进行责任追究。

×× 工程建设质量与安全监督机构（章）

×× 年 ×× 月 ×× 日

第九章
核备蓄水安全鉴定专家组组成情况

一、环节名称

核备蓄水安全鉴定专家组组成情况

二、实施机构

××工程建设质量与安全监督机构

三、申请主体

项目法人（建设单位）

四、设立与实施依据

（一）《水利水电建设工程蓄水安全鉴定暂行办法》（水建管〔1999〕177号，2017年修正）

第二条："本办法适用于库容1亿立方米以上的大型（包括

新建、续建、改建、加固、修复等）水利水电建设工程。中型水利水电建设工程可参照执行。”

第十四条：“项目法人认为工程符合蓄水安全鉴定条件时，可决定组织蓄水安全鉴定。蓄水安全鉴定，由项目法人委托具有相应鉴定经验和能力的单位承担，与之签定蓄水安全鉴定合同，并报工程验收主持单位核备。接受委托负责蓄水安全鉴定的单位（即鉴定单位）应成立专家组，并将专家组组成情况报工程验收主持单位和相应的水利工程质量监督部门核备。”

第十五条：“鉴定专家组应由专业水平高、工程设计、施工经验丰富、具有高级工程师以上职称的专家组成，包括水文、地质、水工、施工、机电、金属结构等有关专业。鉴定专家组三分之一以上人员须聘请责任单位以外的专家参加。”

第十六条：“项目法人、设计、施工、监理、运行、设备制造等参建单位的在职人员或从事过本工程设计、施工、管理的其它人员，不能担任专家组成员。”

第十八条：“鉴定单位应将鉴定报告提交给项目法人，并抄报工程验收主持单位和水利工程质量监督部门。工程验收前，项目法人应负责将鉴定报告分送给验收委员会各成员。”

第二十二条：“建设各方对鉴定报告有重大分歧意见的，应形成书面意见送鉴定单位，并抄报工程验收主持单位和水利工程质量监督部门。”

（二）SL 670—2015《水利水电建设工程验收技术鉴定导则》

2.2.1 蓄水安全鉴定工作程序应包括工作大纲编制、自检报告编写、现场鉴定与鉴定报告编写、鉴定报告审定等 4 个阶段。

2.2.2 工作大纲编制阶段应完成下列工作：

1 鉴定单位成立专家组，收集初步设计、施工图设计及设计变更、工程建设相关资料等。

（三）《山东省水利厅关于加强水利建设工程蓄水安全鉴定和竣工验收技术鉴定工作的通知》（鲁水建函字〔2017〕86号）

一、大中型水库蓄水验收前必须进行蓄水安全鉴定，大中型水闸可根据工程规模及重要性，由竣工验收主持单位决定是否进行蓄水安全鉴定，未经蓄水安全鉴定不得进行蓄水验收。大型水利工程竣工技术预验收前必须进行竣工验收技术鉴定，中型水利工程由竣工验收主持单位根据需要决定是否进行竣工验收技术鉴定，未经竣工验收技术鉴定不得进行竣工验收。

五、蓄水安全鉴定专家组应由专业水平高、工程经验丰富、具有高级技术职称的专家组成，专家组的专业领域应满足鉴定工作专业需要，三分之一以上的成员须由鉴定单位以外的专家组成。项目法人、设计、施工、监理、设备制造等参建单位的在职人员或从事过本工程管理、设计、施工、监理、检测的其他人员，不得担任专家组成员。

六、项目法人选取鉴定单位后，须报告工程建设项目上级主管部门。鉴定单位成立的专家组组成情况和形成的鉴定报告，须在工程验收前由项目法人报告验收主持单位和水利工程质量监督部门。

七、建设各方对鉴定报告持有异议的，应形成书面意见送鉴定单位，并抄报验收主持单位和水利工程质量监督部门。项目法人应组织建设各方，对鉴定报告中指出的工程质量安全问题和提出的建议，进行认真研究和处理，并将处理情况书面报告验收委员会。

五、办理条件

申请材料齐全，符合法定形式。

六、材料目录

（一）核备蓄水安全鉴定专家组组成情况

1. 蓄水安全鉴定专家组组成情况核备表。
2. 蓄水安全鉴定专家组成立文件（附专家组成员表）。

（二）报送蓄水安全鉴定报告

1. 蓄水安全鉴定报告。

材料形式：原件 1 份，PDF 电子版。

七、办理结果

蓄水安全鉴定专家组组成情况核备表。

八、时间要求

项目法人：1. 蓄水安全鉴定专家组成立后及时核备。

2. 蓄水验收前报送蓄水安全鉴定报告。

监督机构：3 个工作日内反馈办理结果。

九、办理咨询

咨询地址：山东省济南市历下区历山路 127 号（示例）。

十、办理流程

1. 收件。申请人提交申请材料，监督机构收到申请后，启动办理程序。

2. 办理。1 个工作日内完成。承办人员对申请材料进行形式审查，提出“蓄水安全鉴定专家组组成情况”的核备意见。

3. 负责人审核。1 个工作日内完成。负责人对承办人员办理意见进行审核。

4. 送达结果。1 个工作日内完成。进行排版、送达结果。

十一、追责情形

对于未按照有关规定办理蓄水安全鉴定专家组组成情况核备手续的及鉴定报告未及时抄报的，按照《水利工程建设质量与安全生产监督检查办法（试行）》中责任追究标准及有关规定，采取书面督促，责令整改等方式进行处理。

十二、附件（空表、样表、文书示例）

附件 1　蓄水安全鉴定专家组组成情况核备表

附件 2　专家组成员情况表

附件 1

水利工程建设蓄水安全鉴定专家组组成情况核备表

<table>
<tr><td>工程名称</td><td colspan="2"></td></tr>
<tr><td colspan="3">××工程建设质量与安全监督机构：
我单位接到（××蓄水安全鉴定单位）组建的××工程蓄水安全鉴定专家组组建情况，人员结构合理，专业齐全，符合国家有关规章、规范标准要求，请予以核备。
附件：蓄水安全鉴定专家组成立文件（附专家组成员表）

项目法人（章）
××年××月××日</td></tr>
<tr><td>核备意见</td><td colspan="2">同意核备 / 不同意核备

××工程建设质量与安全监督机构（章）
××年××月××日</td></tr>
</table>

附件 2

×× 工程蓄水安全鉴定专家组成员情况表

序号	姓名	单位	职称	证书编号	专业	是否鉴定单位人员	是否参建单位人员	备注
					水文			
					地质			
					水工			
					施工			
					机电			
					金结			
					⋮			

注： 鉴定专家组应由专业水平高、工程设计、施工经验丰富、具有高级工程师以上职称的专家组成，包括水文、地质、水工、施工、机电、金属结构等有关专业。鉴定专家组三分之一以上人员须聘请责任单位以外的专家参加；项目法人、设计、施工、监理、运行、设备制造等参建单位的在职人员或从事过本工程设计、施工、管理的其他人员，不能担任专家组成员。

第十章
备案保证安全生产的措施方案

一、环节名称

备案保证安全生产的措施方案

二、实施机构

××工程建设质量与安全监督机构

三、申请主体

项目法人（建设单位）

四、设立与实施依据

（一）《建设工程安全生产管理条例》（国务院令 393 号）

第十条：“建设单位在申请领取施工许可证时，应当提供建设工程有关安全施工措施的资料。依法批准开工报告的建设工程，建设单位应当自开工报告批准之日起15日内，将保证安全施工的措施报送建设工程所在地的县级以上地方人民政府建设行政主管部门或者其他有关部门备案。”第十一条：“建设单位应当将拆除工程发包给具有相应资质等级的施工单位。建设单位应当在拆除工程施工15日前，将下列资料报送建设工程所在地的县级以上地方人民政府建设行政主管部门或者其他有关部门备案：（一）施工单位资质等级证明；（二）拟拆除建筑物、构筑物及可能危及毗邻建筑的说明；（三）拆除施工组织方案；（四）堆放、清除废弃物的措施。”第五十四条：“建设单位未将保证安全施工的措施或者拆除工程的有关资料报送有关部门备案的，责令限期改正，给予警告。”第四十一条：“建设行政主管部门和其他有关部门应当将本条例第十条、第十一条规定的有关资料的主要内容抄送同级负责安全生产监督管理的部门。”

（二）《水利工程建设安全生产管理规定》（水利部令第26号，2019年修正）

第九条：“项目法人应当组织编制保证安全生产的措施方案，并自工程开工之日起15个工作日内报有管辖权的水行政主管部门、流域管理机构或者其委托的水利工程建设安全生产监督机构（以下简称安全生产监督机构）备案。建设过程中安全生产的情况发生变化时，应当及时对保证安全生产的措施方案进行调整，并报原备案机关。”第十一条：“项目法人应当将水利工程中的拆除工程和爆破工程发包给具有相应水利水电工程施工资质等级的施工单位。项目法人应当在拆除工程或者爆破工程施工15日前，将下列资料报送水行政主管部门、流域管理机构或者其委托的安全生产监督机构备案：……”第三十一条：“水行政主管部门或者其委托的安全生产监督机构应当自收到本规定第九条和第十一条规定的有关备案资料后 20 日内，将有关备案资料抄送同级安全生产监督管理部门。流域管理机构抄送项目所在地省级安全生产监督管理部门，并报水利部备案。”

（三）《山东省水利工程建设管理办法》（鲁水规字〔2021〕6 号）

第三十三条：“项目法人应当及时组织编制保证安全生产的措施方案，并自工程开工之日起 15 个工作日内报有管辖权的水行政主管部门或其委托的质量与安全监督机构备案。建设过程中情况发生变化时，应及时调整保证安全生产的措施方案，并重新备案。项目法人应在拆除工程或爆破工程施工 15 日前，向水行政主管部门或其委托的质量与安全监督机构备案。”

（四）SL 721—2015《水利水电工程施工安全管理导则》

7.2.1　项目法人应组织编制保证安全生产的措施方案，并于开工之日起 15 日内报有管辖权的水行政主管部门及安全生产监督机构备案。保证安全生产的措施方案应当根据有关法律法规、强制性标准和技术规范的要求并结合工程的具体情况编制，应当包括以下内容。

（一）项目概况；

（二）编制依据；

（三）安全生产管理机构及相关负责人；

（四）安全生产的有关规章制度制定情况；

（五）安全生产管理人员及特种作业人员持证上岗情况等；

（六）生产安全事故的应急救援预案；

（七）工程度汛方案、措施；

（八）其他有关事项。

五、办理条件

申请材料齐全，符合法定形式。

六、材料目录

1. 水利工程建设项目保证安全生产的措施方案备案申请表。

2. 水利工程建设项目保证安全生产的措施方案。

材料形式：原件 1 份，PDF 电子版。

七、办理结果

收到资料后存档。对不符合要求的情况，出具《关于 ×× 工程建设项目保证安全生产措施方案审核意见的函》。

八、时间要求

项目法人：工程开工后 15 个工作日内办理。

监督机构：收到申请材料及时存档或在 3 个工作日内反馈审核结果。

九、办理咨询

咨询地址：山东省济南市历下区历山路 127 号（示例）。

十、办理流程

1. 收件。申请人提交申请材料，监督机构收到申请后，启动办理程序。

2. 办理。承办人员对申请资料进行审查，满足要求的存档。不满足要求的，2 个工作日内提出审核意见。

3. 负责人签发。1 个工作日内完成。项目监督负责人对承办人员办理意见进行审核并签发。

4. 送达结果。

十一、追责情形

1.《建设工程安全生产管理条例》（国务院令 393 号）第五十四条："建设单位未将保证安全施工的措施或者拆除工程的有关资料报送有关部门备案的，责令限期改正，给予警告。"

2. 对于未按照有关规定报送保证安全生产措施方案的，按照《水利工程建设质量与安全生产监督检查办法（试行）》中责任追究标准及有关规定，采取书面督促、责令整改等方式进行处理。

十二、附件（空表、样表、文书示例）

附件 1　保证安全生产的措施方案备案申请表

附件 2　保证安全生产的措施方案

附件 3　关于 ×× 工程建设项目保证安全生产措施方案审核意见的函

附件 1

水利工程建设项目保证安全生产的措施方案备案申请表

工程名称	
×× 工程建设质量与安全监督机构： 我单位已完成 ×× 工程保证安全生产的措施方案的编制，请予以备案。 项目法人（章） ×× 年 ×× 月 ×× 日	

附件 2

× × 工程

保证安全生产的措施方案

项目法人（章）

× × 年 × × 月 × × 日

批准：

审核：

编制：

一、项目概况

至少包括重大危险源和危险性较大的单项工程分布及关键节点的施工计划。

二、编制依据和安全生产目标

（一）编制依据

1. 法律、法规、标准规范
2. 工程建设相关资料

（二）安全生产目标

主要包括生产安全事故控制目标、安全生产投入目标、安全生产教育培训目标、生产安全事故隐患排查治理目标、重大危险源和危险性较大的单项工程监控目标、应急管理目标、文明施工管理目标及人员、机械、设备、交通、火灾、环境和职业健康等方面的安全管理控制指标等。

三、安全生产管理机构及相关负责人

项目法人应根据实际情况成立安全生产领导小组，项目法人主要负责人担任组长，其他领导班子成员及部门负责人和设计、监理、施工等参建单位项目主要负责人为成员。

项目法人应设置安全生产管理机构，配备安全生产管理机构负责人及专职安全生产管理人员，明确安全生产职责和权限。

四、安全生产规章制度制定情况

此处项目法人应明确建立的项目安全生产管理制度的清单或相应管理制度，同时提出各参建单位应建立的安全生产管理制度和要求。

项目法人应建立以下安全生产管理制度（但不限于）：

1. 安全生产目标管理制度；

2. 安全生产责任制度；

3. 安全生产费用管理制度；

4. 安全生产措施审查制度；

5. 隐患排查治理制度；

6. 安全教育培训制度；

7. 安全设施“三同时”管理制度；

8. 重大危险源和危险物品管理制度；

9. 安全防护设施、生产设施及设备、危险性较大的单项工程、重大事故隐患治理验收制度；

10. 安全例会制度；

11. 消防、社会治安管理制度；

12. 安全生产档案管理制度；

13. 生产安全应急管理制度；

14. 事故管理制度。

五、安全生产管理人员及特种作业人员持证上岗情况

主要包括但不限于：安全生产管理“三类人员”及特种作业

人员花名册及相应证书编号清单。

六、重大危险源监测管理和安全事故隐患治理方案

项目法人应根据实际情况，简述工程重大危险源和危险性较大的单项工程状况、危险性分析情况和可能发生的事故特点，列出相应清单和相应处置措施，并提出相关责任单位制定专项施工方案、重大危险源监控和管理的办法和流程的要求。

七、生产安全事故应急救援预案

综合应急预案及专项应急预案编制情况，或落实预案的编制措施。

八、工程度汛方案与措施（依据度汛方案编制指南）

度汛方案的编制情况，或落实预案的编制措施或度汛方案，并提出施工单位编制防汛度汛及抢险措施的要求。

度汛方案应包括防汛度汛年度目标、指挥机构设置、度汛工程形象、汛期施工情况、防汛度汛工作重点，人员、设备、物资准备和安全度汛措施，雨情、水情、汛情的获取方式和通信保障方式等内容。防汛度汛指挥机构应由项目法人、监理单位、施工单位、设计单位主要负责人组成。

项目法人应和有关参建单位签订安全度汛目标责任书，明确各参建单位防汛度汛责任。督促施工单位根据批准的度汛方案，

制订防汛度汛及抢险措施，报项目法人批准，并按批准的措施落实防汛抢险队伍和防汛器材、设备等物资准备工作，做好汛期值班，保证汛情、工情、险情信息渠道畅通。

九、其他有关事项

应明确保证安全生产的措施方案的未尽事宜的处理方式，如发生建设内容重大变更、安全生产领导小组及管理机构人员重要调整及出现新的重大危险源和危险性较大的单项工程等情况时，应及时修订保证安全生产的措施方案，并重新备案。

附件 3

关于 ×× 工程建设项目保证安全生产措施方案审核意见的函

×× 工程项目法人：

×× 年 ×× 月 ×× 日，你单位报送的《×× 工程建设项目保证安全生产的措施方案》收悉。经审查，《×× 工程建设项目保证安全生产的措施方案》存在如下问题：（具体问题描述）

综上，项目法人应组织相关单位对上述问题认真整改，完善有关资料后重新报送。

×× 工程建设质量与安全监督机构（章）

×× 年 ×× 月 ×× 日

第十一章 备案拆除工程或爆破工程资料

一、环节名称

备案拆除工程或爆破工程资料

二、实施机构

× × 工程建设质量与安全监督机构

三、申请主体

项目法人（建设单位）

四、设立与实施依据

（一）《建设工程安全生产管理条例》（国务院令 393 号）

第十一条：“建设单位应当将拆除工程发包给具有相应资质等级的施工单位。建设单位应当在拆除工程施工 15 日前，将下列资料报送建设工程所在地的县级以上地方人民政府建设行政主管部门或者其他有关部门备案：（一）施工单位资质等级证明；（二）拟拆除建筑物、构筑物及可能危及毗邻建筑的说明；（三）拆除施工组织方案；（四）堆放、清除废弃物的措施。”第四十一条：“建设行政主管部门和其他有关部门应当将本条例第十条、第十一条规定的有关资料的主要内容抄送同级负责安全生产监督管理的部门。”

（二）《水利工程建设安全生产管理规定》（水利部令26号，2019年修正）

第十一条：“项目法人应当将水利工程中的拆除工程和爆破工程发包给具有相应水利水电工程施工资质等级的施工单位。项目法人应当在拆除工程或者爆破工程施工15日前，将下列资料报送水行政主管部门、流域管理机构或者其委托的安全生产监督机构备案：（一）施工单位资质等级证明；（二）拟拆除或拟爆破的工程及可能危及毗邻建筑物的说明；（三）施工组织方案；（四）堆放、清除废弃物的措施；（五）生产安全事故的应急救援预案。”第三十一条：“水行政主管部门或者其委托的安全生产监督机构应当自收到本规定第九条和第十一条规定的有关备案资料后20日内，将有关备案资料抄送同级安全生产监督管理部门。流域管理机构抄送项目所在地省级安全生产监督管理部门，并报水利部备案。”

（三）《山东省水利工程建设管理办法》（鲁水规字〔2021〕6号）

第三十三条：“项目法人应当及时组织编制保证安全生产的

措施方案，并自工程开工之日起 15 个工作日内报有管辖权的水行政主管部门或其委托的质量与安全监督机构备案。建设过程中情况发生变化时，应及时调整保证安全生产的措施方案，并重新备案。项目法人应在拆除工程或爆破工程施工 15 日前，向水行政主管部门或其委托的质量与安全监督机构备案。”

（四）SL 721—2015《水利水电工程施工安全管理导则》

7.2.3　项目法人应在拆除工程或者爆破工程施工 15 日前，按规定将下列资料报送项目主管部门、安全生产监督机构备案。

1　施工单位资质等级证明、爆破人员资格证书；

2　拟拆除或拟爆破的工程及可能危及毗邻建筑物的说明；

3　施工组织方案；

4　堆放、清除废弃物的措施；

5　生产安全事故的应急救援预案。

五、办理条件

申请材料齐全，符合法定形式。

六、材料目录

1. 拆除工程或爆破工程资料备案申请表。

2. 施工单位资质等级证明。

3. 拟拆除或拟爆破的工程及可能危及毗邻建筑物的说明。

4. 施工组织方案。

5. 堆放、清除废弃物的措施。

6. 生产安全事故的应急救援预案。

材料形式：原件 1 份，PDF 电子版。

七、办理结果

收到资料后存档。对不符合要求的情况，出具《关于 ×× 工程建设项目拆除工程或爆破工程资料审核意见的函》。

八、时间要求

项目法人：拆除工程或爆破工程施工 15 日前。

监督机构：收到申请材料及时存档或在 3 个工作日内反馈审核结果。

九、办理咨询

咨询地址：山东省济南市历下区历山路 127 号（示例）。

十、办理流程

1. 收件。申请人提交申请材料，监督机构收到申请后，启动办理程序。

2. 办理。承办人员对申请资料进行审查，满足要求的存档。不满足要求的，2 个工作日内提出审核意见。

3. 负责人签发。1 个工作日内完成。项目监督负责人对承办人员办理意见进行审核并签发。

4. 送达结果。

十一、追责情形

1.《建设工程安全生产管理条例》（国务院令 393 号）第五十四条建设单位未将保证安全施工的措施或者拆除工程的有关资料报送有关部门备案的，责令限期改正，给予警告。

2. 对于未按照有关规定报送拆除工程或爆破工程资料的，按照《水利工程建设质量与安全生产监督检查办法（试行）》中责任追究标准及有关规定，采取书面督促、责令整改等方式进行处理。

十二、附件（空表、样表、文书示例样本）

附件 1　水利工程建设项目拆除工程或者爆破工程资料备案申请表

附件 2　关于 ×× 工程建设项目拆除工程或爆破工程资料审核意见的函

附件 1

水利工程建设项目拆除工程或者爆破工程资料备案申请表

<table>
<tr><td>工程名称</td><td></td></tr>
<tr><td colspan="2">× × 工程建设质量与安全监督机构：
我单位已完成 × × 工程拆除工程或者爆破工程资料的编制，请予以备案。
附件：1. 施工单位资质等级证明、爆破人员资格证书
2. 拟拆除或拟爆破的工程及可能危及毗邻建筑物的说明
3. 施工组织方案(包括监理单位审核意见及项目法人的批复文件，如为超危大工程，应有专家评审意见)
4. 堆放、清除废弃物的措施
5. 生产安全事故的应急救援预案

项目法人（章）
× × 年 × × 月 × × 日</td></tr>
</table>

附件 2

关于 ×× 工程建设项目拆除工程或爆破工程资料审核意见的函

×× 工程项目法人：

×× 年 ×× 月 ×× 日，你单位报送的《×× 工程建设项目拆除工程或爆破工程资料》收悉。经审查，《×× 工程建设项目拆除工程或爆破工程资料》存在如下问题：（具体问题描述）

综上，项目法人应组织相关单位对上述问题认真整改，完善有关资料后重新报送。

×× 工程建设质量与安全监督机构（章）

×× 年 ×× 月 ×× 日

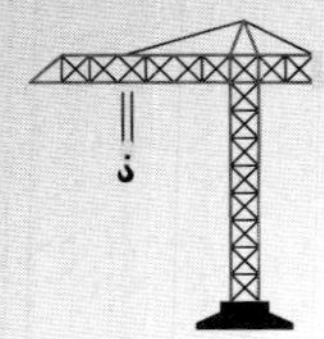

第十二章
备案项目生产安全事故应急救援预案、专项应急预案

一、环节名称

备案项目生产安全事故应急救援预案、专项应急预案

二、实施机构

××工程建设质量与安全监督机构

三、申请主体

项目法人（建设单位）

四、设立与实施依据

（一）《中华人民共和国安全生产法》（2021 修订版）

第四十条：“生产经营单位对重大危险源应当登记建档，进

行定期检测、评估、监控，并制订应急预案，告知从业人员和相关人员在紧急情况下应当采取的应急措施。生产经营单位应当按照国家有关规定将本单位重大危险源及有关安全措施、应急措施报有关地方人民政府应急管理部门和有关部门备案。有关地方人民政府应急管理部门和有关部门应当通过相关信息系统实现信息共享。”

（二）《山东省安全生产条例》（2021 修订版）

第六十二条：“生产经营单位应当建立健全本单位的生产安全事故应急救援预案，依法编制综合应急救援预案、专项应急救援预案和现场处置方案，并向本单位从业人员公布。高危生产经营单位和人员密集场所经营单位的应急救援预案，应当依法向社会公布，并报送负有安全生产监督管理职责的部门备案。”

（三）SL 721—2015《水利水电工程施工安全管理导则》

13.1.1　项目法人应组织制定项目生产安全事故应急救援预案、专项应急预案，并报项目主管部门和安全生产监督机构备案。

（四）GB/T 29639—2020《生产经营单位生产安全事故应急预案编制导则》

6　综合应急预案内容

6.1　总则（适用范围、响应分级）

6.2　应急组织机构及职责

6.3　应急响应[信息报告(信息接报、信息处置与研判)、预警(预警启动、响应准备、预警解除）、响应启动、应急处置、应急支

援、响应终止]

6.4　后期处置

6.5　应急保障（通信与信息保障、应急队伍保障、物资装备保障、其他保障）

7　专项应急预案内容

7.1　适用范围

7.2　应急组织机构及职责

7.3　响应启动

7.4　处置措施

7.5　应急保障

五、办理条件

申请材料齐全，符合法定形式。

六、材料目录

（一）项目生产安全事故应急救援预案

1. ×× 工程项目生产安全事故应急救援预案备案申请表。

2. ×× 工程项目生产安全事故应急救援预案。

（二）专项应急预案

1. ×× 工程项目专项应急预案备案申请表。

2. ×× 工程项目专项应急预案。

材料形式：原件 1 份，PDF 电子版。

七、办理结果

收到资料后存档。对不符合要求的情况，出具《关于 ×× 工程建设项目生产安全事故应急救援预案或专项应急预案审核意见的函》。

八、时间要求

项目法人：项目生产安全事故应急救援预案可随同项目保证安全生产的措施方案进行备案，专项应急预案应在相应专项工程开工前进行备案。

监督机构：收到申请材料及时存档或在 3 个工作日内反馈审核结果。

九、办理咨询

咨询地址：山东省济南市历下区历山路 127 号（示例）。

十、办理流程

1. 收件。申请人提交申请材料，监督机构收到申请后，启动办理程序。

2. 办理。承办人员对申请资料进行审查，满足要求的存档。

不满足要求的，2 个工作日内提出审核意见。

3. 负责人签发。1 个工作日内完成。负责人对承办人员办理意见进行审核并签发。

4. 送达结果。

十一、追责情形

对于未按照有关规定报送生产安全事故应急救援预案或专项应急预案的，按照《水利工程建设质量与安全生产监督检查办法（试行）》中责任追究标准及有关规定，采取书面督促、责令整改等方式进行处理。

十二、附件（空表、样表、文书示例）

附件 1　× × 工程项目生产安全事故应急救援预案备案申请表

附件 2　× × 工程项目专项应急预案备案申请表

附件 3　关于 × × 工程建设项目生产安全事故应急救援预案或专项应急预案审核意见的函

附件 1

水利工程建设项目生产安全事故应急救援预案备案申请表

<table>
<tr><td>工程名称</td><td></td></tr>
<tr><td colspan="2">××工程建设质量与安全监督机构：
我单位已完成××工程项目生产安全事故应急救援预案（含风险评估、应急资源调查及专家评审（或论证）意见）的编制，请予以备案。
附件：项目生产安全事故应急救援预案

项目法人（章）
××年××月××日</td></tr>
</table>

附件 2

水利工程建设生产安全事故专项应急预案备案申请表

工程名称	
×× 工程建设质量与安全监督机构： 我单位已完成 ×× 工程项目专项应急预案的编制，请予以备案。 附件：1. ×× 工程项目专项应急预案 2. 风险评估应急资源调查及专家评审意见 项目法人（章） ×× 年 ×× 月 ×× 日	

附件 3

关于 ×× 工程建设项目生产安全事故应急救援预案或专项应急预案审核意见的函

×× 工程项目法人：

×× 年 ×× 月 ×× 日，你单位报送的《×× 工程建设项目生产安全事故应急救援预案或专项应急预案》收悉。经审查，《×× 工程建设项目生产安全事故应急救援预案或专项应急预案》存在如下问题：（具体问题描述）

综上，项目法人应组织相关单位对上述问题认真整改，完善有关资料后重新报送。

×× 工程建设质量与安全监督机构（章）

×× 年 ×× 月 ×× 日

第十三章
备案重大事故隐患排查治理情况

一、环节名称

备案重大事故隐患排查治理情况

二、实施机构

×× 工程建设质量与安全监督机构

三、申请主体

项目法人（建设单位）

四、设立与实施依据

（一）《中华人民共和国安全生产法》（主席令第八十八号，2021 年修正）

第四十一条：“生产经营单位应当建立安全风险分级管控制度，按照安全风险分级采取相应的管控措施。

生产经营单位应当建立健全并落实生产安全事故隐患排查治理制度，采取技术、管理措施，及时发现并消除事故隐患。事故隐患排查治理情况应当如实记录，并通过职工大会或者职工代表大会、信息公示栏等方式向从业人员通报。其中，重大事故隐患排查治理情况应当及时向负有安全生产监督管理职责的部门和职工大会或者职工代表大会报告。

县级以上地方各级人民政府负有安全生产监督管理职责的部门应当将重大事故隐患纳入相关信息系统，建立健全重大事故隐患治理督办制度，督促生产经营单位消除重大事故隐患。”

（二）《山东省安全生产条例》（2021 年 12 月修订）

第三十二条：“生产经营单位应当建立健全生产安全事故隐患排查治理制度，对事故隐患进行排查并及时采取措施予以消除；事故隐患排除前和排除过程中无法保证安全的，应当从危险区域内撤出人员，疏散周边可能危及的其他人员，并设置警戒标志。生产经营单位应当将事故隐患排查治理情况向从业人员通报。

对排查出的重大事故隐患，生产经营单位应当按照规定立即报告，并采取有效的安全防范和监控措施，制定和落实治理方案。治理方案、结果等情况应当及时向负有安全生产监督管理职责的部门和职工大会或者职工代表大会报告。”

（三）《山东省生产安全事故隐患排查治理办法》（省政府令第 347 号）

第二十一条：“对重大事故隐患，生产经营单位应当按照规定立即向县级以上安全生产委员会办公室报告，并可以直接报省人民政府安全生产委员会办公室。

重大事故隐患的治理方案、治理结果等情况应当及时向所在地负有安全生产监督管理职责的部门报告。”

（四）SL 721—2015《水利水电工程施工安全管理导则》

11.1.6 对于重大事故隐患，应及时向项目主管部门、安全监管监察部门和有关部门报告。重大事故隐患报告应包括下列内容：

1 隐患的现状及其产生原因；

2 隐患的危害程度和整改难易程度分析；

3 隐患的治理方案。

11.2.3 重大事故隐患治理方案应由施工单位主要负责人组织制订，经监理单位审核，报项目法人同意后实施。项目法人应将重大事故隐患治理方案报项目主管部门和安全生产监督机构备案。

11.2.4 重大事故隐患治理方案应包括下列内容：

1 重大事故隐患描述；

2 治理的目标和任务；

3 采取的方法和措施；

4 经费和物资的落实；

5 负责治理的机构和人员；

6 治理的时限和要求；

7 安全措施和应急预案等。

11.2.6 事故隐患治理完成后，项目法人应组织对重大事故隐患治理情况进行验收和效果评估，并签署意见，报项目主管部门和安全生产监督机构备案；隐患排查组织单位应负责对一般安全隐患治理情况进行复查，并在隐患整改通知单上签署明确意见。

五、办理条件

申请材料齐全，符合法定形式。

六、材料目录

（一）重大事故隐患治理方案备案

1. 重大事故隐患治理方案备案申请表。
2. 生产安全事故重大事故隐患排查报告表。
3. 重大事故隐患治理方案。

（二）重大事故隐患治理情况验收和效果评估资料备案

1. 重大事故隐患治理情况验收和效果评估备案申请表。
2. 重大事故隐患治理情况验收和效果评估资料。

材料形式：原件 1 份，PDF 电子版。

七、办理结果

收到资料后存档。对不符合要求的情况，出具《关于 ×× 工程建设项目重大事故隐患治理方案 / 重大事故隐患治理情况验收和效果评估资料审核意见的函》。

八、时间要求

项目法人：1. 重大事故隐患治理方案制订完成后及时备案。

2. 重大事故隐患治理验收和效果评估及时备案。

监督机构：收到申请材料及时存档或在 3 个工作日内反馈审核结果。

九、办理咨询

咨询地址：山东省济南市历下区历山路 127 号（示例）。

十、办理流程

1. 收件。申请人提交申请材料，监督机构收到申请后，启动办理程序。

2. 办理。承办人员对申请资料进行审查，满足要求的存档。不满足要求的，2 个工作日内提出审核意见。

3. 负责人签发。1 个工作日内完成。项目监督负责人对承办人员办理意见进行审核并签发。

4. 送达结果。

十一、追责情形

对于未按照有关规定报送项目重大事故隐患治理方案 / 重大事故隐患治理情况验收和效果评估资料的，按照《水利工程建设质量与安全生产监督检查办法（试行）》中责任追究标准及有关规定，采取书面督促、责令整改等方式进行处理。

十二、附件（空表、样表、文书示例）

附件 1　重大事故隐患治理方案备案申请表

附件 2　生产安全重大事故隐患排查报告表

附件 3　重大事故隐患治理情况验收和效果评估备案申请表

附件 4　重大事故隐患治理情况验证和效果评估鉴定书

附件 5　关于 × × 工程建设项目重大事故隐患治理方案 / 重大事故隐患治理情况验收和效果评估资料审核意见的函

附件 1

水利工程建设项目重大事故隐患治理方案备案申请表

工程名称	
×× 工程建设质量与安全监督机构： 我单位已完成 ×× 工程 ×× 重大事故隐患治理方案的编制工作，请予以备案。 附件：×× 工程重大事故隐患治理方案 项目法人（章） ×× 年 ×× 月 ×× 日	

附件 2

生产安全重大事故隐患排查报告表

填报单位（盖章）：

单位名称				单位性质	
单位地址				邮　编	
主要负责人		安全部门负责人		联系电话	
排查日期		隐 患 类 别		评估等级	
隐患现状及其产生原因分析					
隐患危害程度和整改难易程度分析					
隐患治理方案					
填表人		项目负责人		填表日期	××年××月××日

附件 3

水利工程建设项目重大事故隐患治理情况验收和效果评估备案申请表

<table>
<tr><td>工程名称</td><td></td></tr>
<tr><td colspan="2">××工程建设质量与安全监督机构：
我单位已完成××工程××重大事故隐患的治理工作，请对该隐患治理情况验收和效果评估资料予以备案。
附件：重大事故隐患治理验收和效果评估资料

项目法人（章）
××年××月××日</td></tr>
</table>

附件 4

重大事故隐患治理情况验证和效果评估鉴定书

<table>
<tr><td>工程名称</td><td></td><td>地 点</td><td></td></tr>
<tr><td>施工单位</td><td></td><td>项目负责人</td><td></td></tr>
<tr><td>监理单位</td><td></td><td>总监理工程师</td><td></td></tr>
<tr><td>建设单位</td><td></td><td>项目负责人</td><td></td></tr>
<tr><td colspan="4">重大事故隐患治理情况（简述治理经过及治理效果）：</td></tr>
<tr><td>施工单位自评意见</td><td colspan="3">项目经理：
施工单位（章）
××年××月××日</td></tr>
<tr><td>监理单位审查意见</td><td colspan="3">总监理工程师：
监理单位（章）
××年××月××日</td></tr>
<tr><td>验证和评估小组意见</td><td colspan="3">治理验证和效果评估：
本事故隐患已按治理方案进行了治理，消除了事故隐患，安全风险降为低风险，达到生产安全的要求，具备生产安全条件</td></tr>
<tr><td>验证和评估小组成员</td><td colspan="3">验证评估组长（签名）：
参加评估人员（签名）：
××年××月××日</td></tr>
<tr><td>项目法人签署意见</td><td colspan="3">项目法人负责人：
项目法人（章）
××年××月××日</td></tr>
<tr><td>备查资料</td><td colspan="3">（1）重大事故隐患治理方案□；（2）隐患治理相关记录□；（3）影像资料□；（4）其他□</td></tr>
</table>

说明：本表一式××份，由评估单位填写，并印发内部各部门和相关参建单位。

附件 5

关于 ×× 工程建设项目重大事故隐患治理方案 / 重大事故隐患治理情况验收和效果评估资料审核意见的函

×× 工程项目法人：

×× 年 ×× 月 ×× 日，你单位报送的《×× 工程建设项目重大事故隐患治理方案 / 重大事故隐患治理情况验收和效果评估资料》收悉。经审查，《×× 工程建设项目重大事故隐患治理方案 / 重大事故隐患治理情况验收和效果评估资料》存在如下问题：（具体问题描述）

综上，项目法人应组织相关单位对上述问题认真整改，完善有关资料后重新报送。

×× 工程建设质量与安全监督机构（章）

×× 年 ×× 月 ×× 日

第十四章
备案重大危险源辨识和安全评估结果

一、环节名称

备案重大危险源辨识和安全评估结果

二、实施机构

××工程建设质量与安全监督机构

三、申请主体

项目法人（建设单位）

四、设立与实施依据

（一）《中华人民共和国安全生产法》

第四十条：“生产经营单位应当按照国家有关规定将本单位重大危险源及有关安全措施、应急措施报有关地方人民政府应急管理部门和有关部门备案。”

（二）SL 721—2015《水利水电工程施工安全管理导则》

11.3.5 项目法人应在开工前，组织参建单位本项目危险设施或场所进行重大危险源辨识，并确定危险等级。

11.3.6 项目法人应报请项目主管部门组织专家组或委托具有相应安全评价资质的中介机构，对辨识出的重大危险源进行安全评估，并形成评估报告。

11.3.7 安全评估报告应包括下列内容：

1 安全评估的主要依据；

2 重大危险源的基本情况；

3 危险有害因素的辨识与分析；

4 发生事故的可能性、类型及严重程度；

5 可能影响的周边单位和人员；

6 重大危险源等级评估；

7 安全管理和技术措施；

8 评估结论与建议等。

11.3.8 项目法人应将重大危险源辨识和安全评估的结果印发各参建单位并报项目主管部门、安全生产监督机构及有关部门备案。

五、办理条件

申请材料齐全，符合法定形式。

六、材料目录

1. 重大危险源辨识和安全评估结果资料备案申请表。
2. 重大危险源辨识评价资料至少包括以下内容：
（1）重大危险源辨识、分级评价表。
（2）重大危险源辨识与评价汇总表。
3. 安全评估报告。
材料形式：原件 1 份，PDF 电子版。

七、办理结果

收到资料后存档。对不符合要求的情况，出具《关于 ×× 工程建设项目重大危险源辨识和安全评估结果资料审核意见的函》。

八、时间要求

项目法人：项目开工前和施工期。
监督机构：收到申请材料及时存档或在 3 个工作日内反馈审核结果。

九、办理咨询

咨询地址：山东省济南市历下区历山路 127 号（示例）。

十、办理流程

1. 收件。申请人提交申请材料，监督机构收到申请后，启动办理程序。

2. 办理。承办人员对申请资料进行审查，满足要求的存档。不满足要求的，2 个工作日内提出审核意见。

3. 负责人签发。1 个工作日内完成。项目监督负责人对承办人员办理意见进行审核并签发。

4. 送达结果。

十一、追责情形

1.《中华人民共和国安全生产法》（2002 年 6 月 29 日通过，2021 年 6 月 10 日修正）第一百零一条："生产经营单位有下列行为之一的，责令限期改正，处十万元以下的罚款；逾期未改正的，责令停产停业整顿，并处 10 万元以上 20 万元以下的罚款，对其直接负责的主管人员和其他直接责任人员处 2 万元以上 5 万元以下的罚款；构成犯罪的，依照刑法有关规定追究刑事责任：（二）对重大危险源未登记建档，未进行定期检测、评估、监控，未制定应急预案，或者未告知应急措施的。"

2. 对于未按照有关规定报送重大危险源辨识和安全评估结果资料的，按照《水利工程建设质量与安全生产监督检查办法（试行）》中责任追究标准及有关规定，采取书面督促、责令整改等方式进行处理。

十二、附件（空表、样表、文书示例）

附件 1　水利工程建设项目重大危险源辨识和安全评估结果

备案申请表

附件 2　重大危险源辨识、分级评价表

附件 3　重大危险源辨识与评价汇总表

附件 4　关于 ×× 工程建设项目重大危险源辨识和安全评估结果资料审核意见的函

附件 1

水利工程建设项目重大危险源辨识和安全评估结果资料备案申请表

<table>
<tr><td>工程名称</td><td></td></tr>
<tr><td colspan="2">× × 工程建设质量与安全监督机构：
我单位已完成 × × 工程 × × 重大危险源辨识和安全评估结果资料的编制，请予以备案。
附件：1. 重大危险源辨识、分级评价表
2. 重大危险源辨识与评价汇总表
3. 安全评估报告

项目法人（章）
× × 年 × × 月 × × 日</td></tr>
</table>

附件 2

重大危险源辨识、分级评价表

工程名称：　　　　　　　　　　　　　　　　　　　　编号：

单位名称			
项目负责人		联系电话	
危险源名称		类型	
危险物品种类和数量			
危险源所在地点及危险性分析、可能造成的后果			
危险源定级			
参与辨识单位及人员签字			

注：危险源一般分为化学品、辐射、生物、特种设备、电气、土木工程、交通运输等 7 类。

附件 3

重大危险源辨识与评价汇总表

工程名称：　　　　　　　　　　　　　　　　　　　　　　　　×× 年 ×× 月 ×× 日

识别与 评价表编号	危险源名称、场所	风险等级	控制措施要点
制表人		项目负责人	

附件 4

关于 ×× 工程建设项目重大危险源辨识和安全评估结果资料审核意见的函

×× 工程项目法人：

×× 年 ×× 月 ×× 日，你单位报送的《×× 工程建设项目重大危险源辨识和安全评估结果资料》收悉。经审查，《×× 工程建设项目重大危险源辨识和安全评估结果资料》存在如下问题：（具体问题描述）

综上，项目法人应组织相关单位对上述问题认真整改，完善有关资料后重新报送。

×× 工程建设质量与安全监督机构（章）

×× 年 ×× 月 ×× 日

第十五章
开展质量与安全监督检查

一、环节名称

开展质量与安全监督检查

二、实施机构

× × 工程建设质量与安全监督机构

三、设立与实施依据

（一）《水利工程质量管理规定》（水利部令第 52 号）

第五十四条：“县级以上人民政府水行政主管部门、流域管理机构、受委托的水利工程质量监督机构应当采取抽查等方式，对水利工程建设有关单位质量行为和工程实体质量进行监督检查。有关单位和个人应当支持与配合，不得拒绝或者阻碍质量监督检查人员依法执行职务。

水利工程质量监督工作主要包括以下内容：（一）核查项

目法人、勘察、设计、施工、监理、质量检测等单位和人员的资质或者资格；（二）检查项目法人、勘察、设计、施工、监理、质量检测、监测等单位履行法律、法规、规章规定的质量责任情况；（三）检查工程建设强制性标准执行情况；（四）检查工程项目质量检验和验收情况；（五）检查原材料、中间产品、设备和工程实体质量情况；（六）实施其他质量监督工作。

质量监督工作不代替项目法人、勘察、设计、施工、监理及其他单位的质量管理工作。”

第五十五条：“县级以上人民政府水行政主管部门、流域管理机构、受委托的水利工程质量监督机构履行监督检查职责时，依法采取下列措施：（一）要求被监督检查单位提供有关工程质量等方面的文件和资料；（二）进入被监督检查工程现场和其他相关场所进行检查、抽样检测等。”

（二）《水利工程建设安全生产管理规定》（水利部令第26号，2019年第三次修正）

第二十六条：“水行政主管部门和流域管理机构按照分级管理权限，负责水利工程建设安全生产的监督管理。水行政主管部门或者流域管理机构委托的安全生产监督机构，负责水利工程施工现场的具体监督检查工作。”

第三十条：“水行政主管部门或者流域管理机构委托的安全生产监督机构，应当严格按照有关安全生产的法律、法规、规章和技术标准，对水利工程施工现场实施监督检查。”

（三）《水利工程质量监督管理规定》（水建〔1997〕339号）

第十二条：“水利工程质量监督机构负责监督设计、监理、施工单位在其资质等级允许范围内从事水利工程建设的质量工作；负责检查、督促建设、监理、设计、施工单位建立健全质量体系。水利工程质量监督机构，按照国家和水利行业有关工程建设法规、技术标准和设计文件实施工程质量监督，对施工现场影响工程质量的行为进行监督检查。”第二十三条：“工程质量监督的主要内容为：（一）对监理、设计、施工和有关产品制作单位的资质进行复核；（二）对建设、监理单位的质量检查体系和施工单位的质量保证体系以及设计单位现场服务等实施监督检查；（三）对工程项目的单位工程、分部工程、单元工程的划分进行监督检查；（四）监督检查技术规程、规范和质量标准的执行情况；（五）检查施工单位和建设、监理单位对工程质量检验和质量评定情况。”

（四）《水利工程建设质量与安全生产监督检查办法》（水监督〔2019〕139号）

第二条第一款：“本办法适用于水利工程建设质量与安全生产的监督检查、问题认定和责任追究。”

（五）《水利建设工程质量监督工作清单》（办监督〔2019〕211号）

第5项：“监督检查，检查内容：根据国家和行业有关质量管理的法律法规、部门规章、技术标准和设计文件等开展质量监督检查。监督标准或要求：（1）质量监督方式以抽查为主，质监机构可根据工程规模和监督能力，通过设常驻站或巡查的方式开展；（2）监督检查发现的问题，主要以通知书、通报的方式，印发项目法人并督促其组织相关参建单位落实整改；（3）建立问题台账，跟踪核查问题整改，并向相关项目主管部门提出责任追究的建议;（4）发现严重质量问题时，及时报送相关项目主管部门。”

第5.1项：“复核质量责任主体资质，监督内容：对勘察、设计、监理、施工、检测、设备制造安装等单位的资质进行复核，主要包括：（1）勘察、设计、监理单位的营业执照、资质证书；（2）施工单位的营业执照、资质证书、安全生产许可证；（3）检测单位的水行政主管部门颁发的资质证书和市场监督管理局颁发的检验检测机构资质认定证书；（4）主要设备制造安装单位的营业执照。监督标准或要求：合同项目开工初期，根据相关资质标准规定，对照有关参建单位招标投标文件和合同承诺条件，全面检查有关参建单位的资质。”

第5.2项：“检查或复核质量责任主体的质量管理体系建立情况，监督内容：监督检查各参建单位质量管理体系的建立情况，主要包括：（1）项目法人组织机构和内设部门成立，主要管理人员任命，组织机构和人员配备，质量管理制度建立情况等；（2）勘察设计单位现场设代机构成立，设代人员数量和专业是否满足要求，设计服务制度建立情况等;（3）监理单位监理部成立，总监、副总监和监理工程师等人员执业资格、按投标承诺到位和变更情况，质量控制制度建立情况等；（4）施工单位项目部成立，项目经理、技术负责人、质检负责人等人员执业资格、按投标承诺到位和变更情况，质量保证制度建立情况等；（5）检测单位人员执业资格、质量管理制度建立情况等；（6）主要设备制造安装单位现场人员配备，质量管理制度建立情况等；（7）安全监测等其他单位现场人员配备，质量管理制度建立情况等。监督标准或要求：（1）在项目开工初期，全面检查各参建单位质量管理体系建立情况；（2）项目开工后，每年度根据参建单位质量管理体系变化调整情况进行复核。”

第 5.3 项：“检查质量责任主体的质量管理体系运行情况，监督内容：监督检查项目法人质量管理体系、设计单位现场服务体系、监理单位质量控制体系、施工单位质量保证体系运行情况等，涉及各参建单位质量行为和工程实体质量两个方面，主要包括：（1）项目法人是否按已制定的质量管理制度开展质量检查工作；（2）勘察设计单位是否按设计规章制度开展勘察设计服务；（3）监理单位是否按监理规划、监理实施细则、监理工作制度等开展质量控制工作；（4）施工单位是否按建立的质量保证体系、各项规章制度、编写的技术方案进行施工管理；（5）检测单位是否按检测质量保证体系和服务体系开展检测工作；（6）现场设备制造安装单位是否按技术标准和设计要求制造合格的设备并进行安装。监督标准或要求；采用巡查方式开展的质量监督，根据工程建设进展情况，原则上一年不少于 2 次。”

第 5.4 项：“质量监督检测，监督内容：根据工程建设情况和监督工作需要开展质量抽样检测，重点针对主体工程或影响工程结构安全的部位的原材料、中间产品和工程实体开展质量抽样检测。监督标准或要求：（1）委托符合资质要求的试验检测机构进行质量监督检测；（2）根据工程建设进展情况，监督检测在主体工程施工期间原则上一年不少于 1 次。”

（六）《山东省水利工程建设管理办法》（鲁水规字〔2021〕6号）

第二十七条第二款："参建各方应当明确并落实质量和安全责任，自觉接受水行政主管部门和质量与安全监督机构的监督。"第二十八条："质量与安全监督工作包括行为监督和实体监督，以行为监督为主，实体质量以第三方质量检测数据为主要依据。监督主要方式为巡查和抽查。积极推行质量和安全飞检。"

四、检查期

从工程开工前办理监督手续始，到工程竣工验收委员会同意工程交付使用止（含合同质量保修期）。

五、监督检查内容及方式

（一）监督检查内容

根据国家和行业有关质量与安全管理的法律法规、部门规章、技术标准和设计文件，以及质量与安全监督工作计划，对项目法人、勘察设计、监理、施工、质量检测等参建单位的质量与安全管理行为、实体质量开展质量与安全生产检查，包括复核参建单位资质，检查或复核责任主体的质量与安全生产管理体系建立、运行情况，抽查工程实体质量，开展质量监督检测等。

1. 复核参建单位资质

在工程开工初期，根据相关资质标准规定，对照有关参建单位招标投标文件和合同承诺条件，全面检查参建单位的资质，主要包括（但不限于）：

项目法人（代建）的成立文件；

勘察、设计、监理单位的营业执照、资质证书；

施工单位的营业执照、资质证书、安全生产许可证；

检测单位的水行政主管部门颁发的资质证书和市场监督管理局颁发的检验检测机构资质认定证书；

主要设备制造安装单位的营业执照。

2. 检查或复核责任主体的质量与安全生产管理体系建立情况

在项目开工初期，参照《水利工程建设质量与安全生产监督检查办法（试行）》《水利工程建设质量监督检查问题清单》《水利工程建设安全生产监督检查问题清单》，对进场的项目法人（代建）、勘察设计、监理、施工、质量检测等参建单位的质量与安全生产体系建立情况进行检查。项目开工后，每年度对参建单位质量管理体系变化调整情况及时进行复核，特别是关键岗位人员情况。

3. 检查或复核责任主体的质量与安全管理体系运行情况

采用巡查方式开展的质量与安全监督，在施工高峰期，按照每年不少于 2 次的原则要求，参照《水利工程建设质量与安全生产监督检查办法（试行）》《水利工程建设质量监督检查问题清单》《水利工程建设安全生产监督检查问题清单》，对进场的项目法人（代建）质量与安全管理体系、设计单位现场服务体系、施工单位质量与安全保证体系、监理单位质量与安全控制体系、检测单位质量保证和服务体系、现场设备质量安装单位、安全监测等单位的现场质量与安全管理体系运行情况开展监督抽查，涉及相关参建单位质量行为和工程实体质量两个方面。

4. 质量监督检测

按照工程建设项目施工期间，原则上每年至少开展 1 次的要求，委托有相应资质的水利工程检测单位，重点针对主体工程或影响工程结构安全的部位的原材料、中间产品和工程实体开展质量抽样检测。受委托的水利工程检测单位应按照 DB37/T 4371—2021《水利工程质量检测管理规范》等要求开展检测工作，出具检测报告。

（二）监督检查方式

质量与安全生产监督检查方式以抽查为主，监督机构根据工程规模和监督能力，通过设常驻站或巡查的方式开展。对监督检查发现的问题，监督机构主要以现场告知或印发通知书的方式通知项目法人，并督促其组织相关参建单位落实整改。监督机构应建立问题整改台账，跟踪核查问题整改，并根据实际情况向相关项目主管部门提出责任追究的建议。发现严重质量与安全生产问题时，监督机构应及时报送相关项目主管部门。

六、监督检查结果

《×× 工程建设质量与安全监督检查发现问题确认单》《关于做好 ×× 工程质量与安全督检查问题整改工作的通知》或其他形式的通报。

七、时间要求

检查结束后，当日出具《××工程建设质量与安全监督检查发现问题确认单》；或在5个工作日内印发《关于做好××工程质量与安全监督检查问题整改工作的通知》。项目法人收到《问题确认单》《关于做好××工程质量与安全督检查问题整改工作的通知》后，15个工作日内报送整改资料。

八、办理咨询

咨询地址：山东省济南市历下区历山路127号（示例）。

九、监督检查流程

按照监督检查“查认改罚”工作要求，水利工程建设质量与安全监督检查流程主要包括查前准备、现场检查、问题认定、问题整改、责任追究五个环节。

（一）查前准备

根据质量与安全监督工作计划安排，监督机构成立检查组，检查组根据任务安排和检查项目工程建设情况，收集、熟悉有关法律法规、规章制度和技术标准等资料，并针对工程特点制定监督检查工作方案。

（二）现场检查

检查组通过实地查看、查阅资料和实体质量检查检测等方式开展现场检查工作。对发现的问题，收集相关照片、影像和文字等证据材料，以图表文的方式做好问题记录，依据《水利工程建设质量监督检查问题清单（2020 年版）》《水利工程建设安全生产监督检查问题清单（2022 年版）》等有关文件明确问题定性，分析问题原因，提出整改要求和责任追究建议，形成《××工程建设质量与安全监督检查发现问题确认单》。

（三）问题认定

检查组与被检查单位充分交换意见，形成《×× 工程建设质量与安全监督检查发现问题确认单（反馈稿）》，被检查单位负责人签字或盖章确认。

（四）问题整改

1. 起草整改通知。需要印发整改通知的，检查组在现场检查结束后 3 个工作日内，根据《×× 工程建设质量与安全监督检查发现问题确认单》进一步整理形成《关于做好 ×× 工程质量与安全监督检查问题整改工作的通知》，并按照《水利工程建设质量与安全生产监督检查办法》提出责任追究建议。

2. 负责人签发。负责人于 2 个工作日内签发《关于做好 ×× 工程质量与安全监督检查问题整改工作的通知》，送达被检查单位，抄送有关水行政主管部门。

3. 建立整改台账，跟踪整改落实。检查组对问题整改情况进行跟踪，对项目法人提交的整改报告进行核实，根据需要开展现场复查，整改核实后登记销号，建立《××工程监督检查问题整改台账》，并及时整理归档监督档案资料。

（五）责任追究

监督机构应在每次监督检查结束后，根据问题数量和严重程度，按照《水利工程建设质量与安全生产监督检查办法（试行）》中责任追究标准，对项目法人及勘察设计、监理、施工、质量检测等责任单位，逐个单位提出初步责任追究建议。

监督机构可采取书面督促、责令整改、约谈等方式，督促监督检查问题整改落实。对于不配合问题整改落实、整改后无明显改进或成效、虚假整改，以及书面督促后仍未按要求提交整改工作报告、落实整改等情况，监督机构提出责任追究意见建议，报请水行政主管部门做出行政处罚、行政强制决定。

十、追责情形

1.《建设工程质量管理条例》（国务院令第 279 号）

第五十四条："违反本条例规定，建设单位将建设工程发包给不具有相应资质等级的勘察、设计、施工单位或者委托给不具有相应资质等级的工程监理单位的，责令改正，处 50 万元以上 100 万元以下的罚款。"

第五十五条："违反本条例规定，建设单位将建设工程肢解发包的，责令改正，处工程合同价款百分之零点五以上百分之一以下的罚款；对全部或者部分使用国有资金的项目，并可以暂停项目执行或者暂停资金拨付。"

第五十六条："违反本条例规定，建设单位有下列行为之一的，责令改正，处20万元以上50万元以下的罚款：

（一）迫使承包方以低于成本的价格竞标的；

（二）任意压缩合理工期的；

（三）明示或者暗示设计单位或者施工单位违反工程建设强制性标准，降低工程质量的；

（四）施工图设计文件未经审查或者审查不合格，擅自施工的；

（五）建设项目必须实行工程监理而未实行工程监理的；

（六）未按照国家规定办理工程质量监督手续的；

（七）明示或者暗示施工单位使用不合格的建筑材料、建筑构配件和设备的；

（八）未按照国家规定将竣工验收报告、有关认可文件或者准许使用文件报送备案的。"

第五十七条："违反本条例规定，建设单位未取得施工许可证或者开工报告未经批准，擅自施工的，责令停止施工，限期改正，处工程合同价款百分之一以上百分之二以下的罚款。"

第五十八条："违反本条例规定，建设单位有下列行为之一的，责令改正，处工程合同价款百分之二以上百分之四以下的罚款；造成损失的，依法承担赔偿责任。

（一）未组织竣工验收，擅自交付使用的；

（二）验收不合格，擅自交付使用的；

（三）对不合格的建设工程按照合格工程验收的。"

第五十九条："违反本条例规定，建设工程竣工验收后，建设单位未向建设行政主管部门或者其他有关部门移交建设项目档案的，责令改正，处 1 万元以上 10 万元以下的罚款。”

第六十条：“违反本条例规定，勘察、设计、施工、工程监理单位超越本单位资质等级承揽工程的，责令停止违法行为，对勘察、设计单位或者工程监理单位处合同约定的勘察费、设计费或者监理酬金 1 倍以上 2 倍以下的罚款；对施工单位处工程合同价款百分之二以上百分之四以下的罚款，可以责令停业整顿，降低资质等级；情节严重的，吊销资质证书；有违法所得的，予以没收。

未取得资质证书承揽工程的，予以取缔，依照前款规定处以罚款；有违法所得的，予以没收。

以欺骗手段取得资质证书承揽工程的，吊销资质证书，依照本条第一款规定处以罚款；有违法所得的，予以没收。”

第六十一条：“违反本条例规定，勘察、设计、施工、工程监理单位允许其他单位或者个人以本单位名义承揽工程的，责令改正，没收违法所得，对勘察、设计单位和工程监理单位处合同约定的勘察费、设计费和监理酬金 1 倍以上 2 倍以下的罚款；对施工单位处工程合同价款百分之二以上百分之四以下的罚款；可以责令停业整顿，降低资质等级；情节严重的，吊销资质证书。”

第六十二条：“违反本条例规定，承包单位将承包的工程转包或者违法分包的，责令改正，没收违法所得，对勘察、设计单位处合同约定的勘察费、设计费百分之二十五以上百分之五十以下的罚款；对施工单位处工程合同价款百分之零点五以上百分之一以下的罚款；可以责令停业整顿，降低资质等级；情节严重的，吊销资质证书。

工程监理单位转让工程监理业务的，责令改正，没收违法所得，处合同约定的监理酬金百分之二十五以上百分之五十以下的罚款；可以责令停业整顿，降低资质等级；情节严重的，吊销资质证书。”

第六十三条：“违反本条例规定，有下列行为之一的，责令改正，处 10 万元以上 30 万元以下的罚款：

（一）勘察单位未按照工程建设强制性标准进行勘察的；

（二）设计单位未根据勘察成果文件进行工程设计的；

（三）设计单位指定建筑材料、建筑构配件的生产厂、供应商的；

（四）设计单位未按照工程建设强制性标准进行设计的。

有前款所列行为，造成工程质量事故的，责令停业整顿，降低资质等级；情节严重的，吊销资质证书；造成损失的，依法承担赔偿责任。”

第六十四条：“违反本条例规定，施工单位在施工中偷工减料的，使用不合格的建筑材料、建筑构配件和设备的，或者有不按照工程设计图纸或者施工技术标准施工的其他行为的，责令改正，处工程合同价款百分之二以上百分之四以下的罚款；造成建设工程质量不符合规定的质量标准的，负责返工、修理，并赔偿因此造成的损失；情节严重的，责令停业整顿，降低资质等级或者吊销资质证书。”

第六十五条：“违反本条例规定，施工单位未对建筑材料、建筑构配件、设备和商品混凝土进行检验，或者未对涉及结构安全的试块、试件以及有关材料取样检测的，责令改正，处 10 万元以上 20 万元以下的罚款；情节严重的，责令停业整顿，降低资质等级或者吊销资质证书；造成损失的，依法承担赔偿责任。”

第六十六条："违反本条例规定，施工单位不履行保修义务或者拖延履行保修义务的，责令改正，处 10 万元以上 20 万元以下的罚款，并对在保修期内因质量缺陷造成的损失承担赔偿责任。"

第六十七条："工程监理单位有下列行为之一的，责令改正，处 50 万元以上 100 万元以下的罚款，降低资质等级或者吊销资质证书；有违法所得的，予以没收；造成损失的，承担连带赔偿责任：

（一）与建设单位或者施工单位串通，弄虚作假、降低工程质量的；

（二）将不合格的建设工程、建筑材料、建筑构配件和设备按照合格签字的。"

第六十八条："违反本条例规定，工程监理单位与被监理工程的施工承包单位以及建筑材料、建筑构配件和设备供应单位有隶属关系或者其他利害关系承担该项建设工程的监理业务的，责令改正，处 5 万元以上 10 万元以下的罚款，降低资质等级或者吊销资质证书；有违法所得的，予以没收。"

第六十九条："违反本条例规定，涉及建筑主体或者承重结构变动的装修工程，没有设计方案擅自施工的，责令改正，处 50 万元以上 100 万元以下的罚款；房屋建筑使用者在装修过程中擅自变动房屋建筑主体和承重结构的，责令改正，处 5 万元以上 10 万元以下的罚款。有前款所列行为，造成损失的，依法承担赔偿责任。"

第七十条："发生重大工程质量事故隐瞒不报、谎报或者拖延报告期限的，对直接负责的主管人员和其他责任人员依法给予行政处分。”

第七十二条：“违反本条例规定，注册建筑师、注册结构工程师、监理工程师等注册执业人员因过错造成质量事故的，责令停止执业 1 年；造成重大质量事故的，吊销执业资格证书，5 年以内不予注册；情节特别恶劣的，终身不予注册。”

第七十三条：“依照本条例规定，给予单位罚款处罚的，对单位直接负责的主管人员和其他直接责任人员处单位罚款数额百分之五以上百分之十以下的罚款。”

第七十四条：“建设单位、设计单位、施工单位、工程监理单位违反国家规定，降低工程质量标准，造成重大安全事故，构成犯罪的，对直接责任人员依法追究刑事责任。

2.《建设工程安全生产管理条例》（国务院令第 393 号）

第五十四条：“违反本条例的规定，建设单位未提供建设工程安全生产作业环境及安全施工措施所需费用的，责令限期改正；逾期未改正的，责令该建设工程停止施工。

建设单位未将保证安全施工的措施或者拆除工程的有关资料报送有关部门备案的，责令限期改正，给予警告。”

第五十五条：“违反本条例的规定，建设单位有下列行为之一的，责令限期改正，处 20 万元以上 50 万元以下的罚款；造成重大安全事故，构成犯罪的，对直接责任人员，依照刑法有关规定追究刑事责任；造成损失的，依法承担赔偿责任：

（一）对勘察、设计、施工、工程监理等单位提出不符合安全生产法律、法规和强制性标准规定的要求的；

要求施工单位压缩合同约定的工期的；

将拆除工程发包给不具有相应资质等级的施工单位的。”

第五十六条：“违反本条例的规定，勘察单位、设计单位有下列行为之一的，责令限期改正，处 10 万元以上 30 万元以下的罚款；情节严重的，责令停业整顿，降低资质等级，直至吊销资质证书；造成重大安全事故，构成犯罪的，对直接责任人员，依照刑法有关规定追究刑事责任；造成损失的，依法承担赔偿责任：

（一）未按照法律、法规和工程建设强制性标准进行勘察、设计的；

（二）采用新结构、新材料、新工艺的建设工程和特殊结构的建设工程，设计单位未在设计中提出保障施工作业人员安全和预防生产安全事故的措施建议的。”

第五十七条：“违反本条例的规定，工程监理单位有下列行为之一的，责令限期改正；逾期未改正的，责令停业整顿，并处 10 万元以上 30 万元以下的罚款；情节严重的，降低资质等级，直至吊销资质证书；造成重大安全事故，构成犯罪的，对直接责任人员，依照刑法有关规定追究刑事责任；造成损失的，依法承担赔偿责任：

未对施工组织设计中的安全技术措施或者专项施工方案进行审查的；

发现安全事故隐患未及时要求施工单位整改或者暂时停止施工的；

施工单位拒不整改或者不停止施工，未及时向有关主管部门报告的；

未依照法律、法规和工程建设强制性标准实施监理的。”

第五十八条：“注册执业人员未执行法律、法规和工程建设强制性标准的，责令停止执业 3 个月以上 1 年以下；情节严重的，吊销执业资格证书，5 年内不予注册；造成重大安全事故的，终身不予注册；构成犯罪的，依照刑法有关规定追究刑事责任。”

第五十九条：“违反本条例的规定，为建设工程提供机械设备和配件的单位，未按照安全施工的要求配备齐全有效的保险、限位等安全设施和装置的，责令限期改正，处合同价款 1 倍以上 3 倍以下的罚款；造成损失的，依法承担赔偿责任。”

第六十条：“违反本条例的规定，出租单位出租未经安全性能检测或者经检测不合格的机械设备和施工机具及配件的，责令停业整顿，并处 5 万元以上 10 万元以下的罚款；造成损失的，依法承担赔偿责任。”

第六十一条：“违反本条例的规定，施工起重机械和整体提升脚手架、模板等自升式架设设施安装、拆卸单位有下列行为之一的，责令限期改正，处 5 万元以上 10 万元以下的罚款；情节严重的，责令停业整顿，降低资质等级，直至吊销资质证书；造成损失的，依法承担赔偿责任：

未编制拆装方案、制定安全施工措施的；

未由专业技术人员现场监督的；

未出具自检合格证明或者出具虚假证明的；

未向施工单位进行安全使用说明，办理移交手续的。

施工起重机械和整体提升脚手架、模板等自升式架设设施安装、拆卸单位有前款规定的第（一）项、第（三）项行为，经有关部门或者单位职工提出后，对事故隐患仍不采取措施，因而发生重大伤亡事故或者造成其他严重后果，构成犯罪的，对直接责任人员，依照刑法有关规定追究刑事责任。”

第六十二条：“违反本条例的规定，施工单位有下列行为之一的，责令限期改正；逾期未改正的，责令停业整顿，依照《中华人民共和国安全生产法》的有关规定处以罚款；造成重大安全事故，构成犯罪的，对直接责任人员，依照刑法有关规定追究刑事责任。

未设立安全生产管理机构、配备专职安全生产管理人员或者分部分项工程施工时无专职安全生产管理人员现场监督的；

施工单位的主要负责人、项目负责人、专职安全生产管理人员、作业人员或者特种作业人员，未经安全教育培训或者经考核不合格即从事相关工作的；

未在施工现场的危险部位设置明显的安全警示标志，或者未按照国家有关规定在施工现场设置消防通道、消防水源、配备消防设施和灭火器材的；

未向作业人员提供安全防护用具和安全防护服装的；

未按照规定在施工起重机械和整体提升脚手架、模板等自升式架设设施验收合格后登记的。

使用国家明令淘汰、禁止使用的危及施工安全的工艺、设备、材料的。”

第六十三条：“违反本条例的规定，施工单位挪用列入建设工程概算的安全生产作业环境及安全施工措施所需费用的，责令限期改正，处挪用费用 20% 以上 50% 以下的罚款；造成损失的，依法承担赔偿责任。”

第六十四条：“违反本条例的规定，施工单位有下列行为之一的，责令限期改正；逾期未改正的，责令停业整顿，并处 5 万元以上 10 万元以下的罚款；造成重大安全事故，构成犯罪的，对直接责任人员，依照刑法有关规定追究刑事责任。

（一）施工前未对有关安全施工的技术要求作出详细说明的；

（二）未根据不同施工阶段和周围环境及季节、气候的变化，在施工现场采取相应的安全施工措施，或者在城市市区内的建设工程的施工现场未实行封闭围挡的；

（三）在尚未竣工的建筑物内设置员工集体宿舍的；

（四）施工现场临时搭建的建筑物不符合安全使用要求的；

（五）未对因建设工程施工可能造成损害的毗邻建筑物、构筑物和地下管线等采取专项防护措施的。

施工单位有前款规定第（四）项、第（五）项行为，造成损失的，依法承担赔偿责任。”

第六十五条：“违反本条例的规定，施工单位有下列行为之一的，责令限期改正；逾期未改正的，责令停业整顿，并处 10 万元以上 30 万元以下的罚款；情节严重的，降低资质等级，直至吊销资质证书；造成重大安全事故，构成犯罪的，对直接责任人员，依照刑法有关规定追究刑事责任；造成损失的，依法承担赔偿责任。

安全防护用具、机械设备、施工机具及配件在进入施工现场前未经查验或者查验不合格即投入使用的；

使用未经验收或者验收不合格的施工起重机械和整体提升脚手架、模板等自升式架设设施的；

委托不具有相应资质的单位承担施工现场安装、拆卸施工起重机械和整体提升脚手架、模板等自升式架设设施的；

在施工组织设计中未编制安全技术措施、施工现场临时用电方案或者专项施工方案的。”

第六十六条：“违反本条例的规定，施工单位的主要负责人、项目负责人未履行安全生产管理职责的，责令限期改正；逾期未改正的，责令施工单位停业整顿；造成重大安全事故、重大伤亡事故或者其他严重后果，构成犯罪的，依照刑法有关规定追究刑事责任。

作业人员不服管理、违反规章制度和操作规程冒险作业造成重大伤亡事故或者其他严重后果，构成犯罪的，依照刑法有关规定追究刑事责任。

施工单位的主要负责人、项目负责人有前款违法行为，尚不够刑事处罚的，处 2 万元以上 20 万元以下的罚款或者按照管理权限给予撤职处分；自刑罚执行完毕或者受处分之日起，5 年内不得担任任何施工单位的主要负责人、项目负责人。”

第六十七条：“施工单位取得资质证书后，降低安全生产条件的，责令限期改正；经整改仍未达到与其资质等级相适应的安全生产条件的，责令停业整顿，降低其资质等级直至吊销资质证书。”

第六十八条：“本条例规定的行政处罚，由建设行政主管部门或者其他有关部门依照法定职权决定。

违反消防安全管理规定的行为，由公安消防机构依法处罚。

有关法律、行政法规对建设工程安全生产违法行为的行政处罚决定机关另有规定的，从其规定。”

3.《水利工程质量管理规定》（水利部令第 52 号）

第五十九条　违反本规定，项目法人将工程发包给不具有相应资质等级的勘察、设计、施工单位或者委托给不具有相应资质等级的监理单位的，依照《建设工程质量管理条例》第五十四条规定，由水行政主管部门或者流域管理机构依据职权责令改正，处 50 万元以上 100 万元以下的罚款。

第六十条　违反本规定，项目法人有下列行为之一的，依照《建设工程质量管理条例》第五十六条规定，由水行政主管部门或者流域管理机构依据职权责令改正，处20万元以上50万元以下的罚款：

（一）迫使市场主体以低于成本的价格竞标的；

（二）任意压缩合理工期的；

（三）明示或者暗示勘察、设计、施工单位违反工程建设强制性标准，降低工程质量的；

（四）施工图设计文件未经审查或者审查不合格，擅自施工的；

（五）未按照国家规定办理工程质量监督手续的；

（六）明示或者暗示施工单位使用不合格的原材料、中间产品和设备的。

第六十一条　违反本规定，水利工程竣工验收后，项目法人未移交建设项目档案的，依照《建设工程质量管理条例》第五十九条规定，由水行政主管部门或者流域管理机构依据职权责令改正，处1万元以上10万元以下的罚款。

第六十二条　违反本规定，勘察、设计、施工、监理单位超越本单位资质等级承揽工程的，依照《建设工程质量管理条例》第六十条规定，由水行政主管部门或者流域管理机构依据职权责令停止违法行为，对勘察、设计或者监理单位处合同约定的勘察费、设计费或者监理酬金1倍以上2倍以下的罚款；对施工单位处工程合同价款2%以上4%以下的罚款；有违法所得的，予以没收。

第六十三条　违反本规定，勘察、设计、施工、监理单位允许其他单位或者个人以本单位名义承揽工程的，依照《建设工程质量管理条例》第六十一条规定，由水行政主管部门或者流域管理机构依据职权责令改正，没收违法所得，对勘察、设计或者监理单位处合同约定的勘察费、设计费或者监理酬金1倍以上2倍以下的罚款；对施工单位处工程合同价款2%以上4%以下的罚款。

第六十四条　违反本规定，承包单位将承包的工程转包或者违法分包的，依照《建设工程质量管理条例》第六十二条规定，由水行政主管部门或者流域管理机构依据职权责令改正，没收违法所得，对勘察、设计单位处合同约定的勘察费、设计费25%以上50%以下的罚款；对施工单位处工程合同价款0.5%以上1%以下的罚款。

监理单位转让工程监理业务的，依照《建设工程质量管理条例》第六十二条规定，由水行政主管部门或者流域管理机构依据职权责令改正，没收违法所得，处合同约定的监理酬金25%以上50%以下的罚款。

第六十五条　违反本规定，勘察、设计单位未依据项目批准文件，相关规划，国家规定的勘察、设计深度要求编制水利工程勘察、设计文件的，依照《建设工程勘察设计管理条例》第四十条规定，由水行政主管部门或者流域管理机构依据职权责令限期改正；逾期不改正的，处10万元以上30万元以下的罚款；造成损失的，依法承担赔偿责任。

第六十六条　违反本规定，勘察、设计单位有下列行为之一的，依照《建设工程质量管理条例》第六十三条规定，由水行政主管部门或者流域管理机构依据职权责令改正，处10万元以上

30万元以下的罚款；造成损失的，依法承担赔偿责任：

（一）勘察单位未按照工程建设强制性标准进行勘察的；

（二）设计单位未根据勘察成果文件进行工程设计的；

（三）设计单位指定原材料、中间产品和设备的生产厂、供应商的；

（四）设计单位未按照工程建设强制性标准进行设计的。

第六十七条　违反本规定，施工单位在施工中偷工减料的，使用不合格的原材料、中间产品和设备的，或者有不按照批准的设计文件或者技术标准施工的其他行为的，依照《建设工程质量管理条例》第六十四条规定，由水行政主管部门或者流域管理机构依据职权责令改正，处工程合同价款2%以上4%以下的罚款；造成水利工程质量不符合规定的质量标准的，负责返工、修理，并赔偿因此造成的损失。

第六十八条　违反本规定，施工单位未对原材料、中间产品、设备进行检验，或者未对涉及结构安全的试块、试件以及有关材料取样检测的，依照《建设工程质量管理条例》第六十五条规定，由水行政主管部门或者流域管理机构依据职权责令改正，处10万元以上20万元以下的罚款；造成损失的，依法承担赔偿责任。

第六十九条　违反本规定，施工单位不履行保修义务或者拖延履行保修义务的，依照《建设工程质量管理条例》第六十六条规定，由水行政主管部门或者流域管理机构依据职权责令改正，处10万元以上20万元以下的罚款，并对在保修期内因质量缺陷造成的损失承担赔偿责任。

第七十条　违反本规定，监理单位有下列行为之一的，依照《建设工程质量管理条例》第六十七条规定，由水行政主管部门或者流域管理机构依据职权责令改正，处 50 万元以上 100 万元以下的罚款；有违法所得的，予以没收；造成损失的，承担连带赔偿责任：

（一）与项目法人或者施工单位串通，弄虚作假、降低工程质量的；

（二）将不合格的水利工程、原材料、中间产品和设备按照合格签字的。

第七十一条　违反本规定，监理单位与被监理工程的施工单位以及原材料、中间产品和设备供应商等单位有隶属关系或者其他利害关系承担该项工程的监理业务的，依照《建设工程质量管理条例》第六十八条规定，由水行政主管部门或者流域管理机构依据职权责令改正，处 5 万元以上 10 万元以下的罚款；有违法所得的，予以没收。

第七十二条　水利工程质量检测单位伪造检测数据，出具虚假质量检测报告的，由水行政主管部门或者流域管理机构依据职权责令改正，给予警告或者通报批评，处 10 万元以下罚款；给他人造成损失的，依法承担赔偿责任。

第七十三条　有关单位违反本规定，依法应当责令停业整顿、降低资质等级或者吊销资质证书的，依照《建设工程质量管理条例》第七十五条、《建设工程勘察设计管理条例》第四十二条的规定处罚。

依照《建设工程质量管理条例》给予单位罚款处罚的，对单位直接负责的主管人员和其他直接责任人员处单位罚款数额 5% 以上 10% 以下的罚款。

第七十四条　违反工程质量管理的行为，《中华人民共和国建筑法》、《建设工程质量管理条例》、《建设工程勘察设计管理条例》等法律、行政法规另有规定的，依照其规定执行。

第七十五条　县级以上人民政府水行政主管部门、流域管理机构应当依照有关规定加强对水利工程建设项目法人、勘察、设计、施工、监理、检测、监测等单位的信用监管，对相关单位的行政处罚、行政处理决定信息，依照有关规定记入其信用记录。

4.《水利工程建设质量与安全生产监督检查办法（试行）》（水监督〔2019〕139号）

第二十二条："有下列情况之一的，予以从重一级责任追究：（三）拒不整改质量、安全生产问题的。"

十一、附件（空表、样表、文书示例）

附件1　××工程建设质量与安全监督检查发现问题确认单

附件2　关于做好××工程质量与安全监督检查问题整改工作的通知

附件3　××工程质量与安全监督检查问题清单

附件4　××工程监督检查问题整改台账

附件 1

××工程建设质量与安全监督检查发现问题确认单

检查单位		检查时间：
检查人员		
检查内容		
序　　号	问题描述	备注
整改要求：		

续表

被检查单位负责人签字
项目法人（建设单位）：   ×× 年 ×× 月 ×× 日
代建单位：   ×× 年 ×× 月 ×× 日
勘察设计单位：   ×× 年 ×× 月 ×× 日
监理单位：   ×× 年 ×× 月 ×× 日
施工单位：   ×× 年 ×× 月 ×× 日
检测单位：   ×× 年 ×× 月 ×× 日
金属结构及机电设备安装单位：   ×× 年 ×× 月 ×× 日

备注：被检查单位对以上问题有异议的，应在 3 日内提供相关材料。

附件 2

关于做好 ×× 工程质量与安全监督检查问题整改工作的通知

×× 工程项目法人：

×× 年 ×× 月 ×× 日—×× 日，水利工程质量与安全监督机构对 ×× 工程开展了质量与安全监督检查。重点抽查了 ××，并对 ×× 进行了质量抽检，有关意见已于现场向各参建单位反馈，现将检查发现的质量、安全管理违规行为、质量缺陷问题发送给你们（详见附件），请按照以下要求做好整改工作：

1. 项目法人应立即组织有关责任单位针对本次检查发现问题，分析原因，建立问题整改台账，明确整改责任人，确保检查发现问题全面整改到位。整改落实情况及证明材料于 ×× 年 ×× 月 ×× 日前报送至（地址）。

2. 项目法人要切实承担起工程质量首要责任，加强工程建设质量与安全生产管理，健全质量与安全生产管理制度，落实质量与安全生产责任制，确保各项措施落实到位，保证工程质量与安全。各参建单位应对照有关问题清单，举一反三，自查自纠，避免同类问题重复发生，切实提高水利工程建设管理水平。

3. 对未及时整改到位或虚假整改的，将按照《山东省水利厅关于加强和完善水利工程建设推进机制的通知》（鲁水办字〔2022〕2号）、《山东省水利工程建设质量与安全监督检查办法（试行）》（鲁水监督字〔2019〕16号）等有关规定予以责任追究。

联系人：

联系电话：

附件：1. ×× 工程质量与安全监督检查问题清单

2. 检查组成员名单

×× 工程建设质量与安全监督机构（章）

×× 年 ×× 月 ×× 日

附件 3

×× 工程质量与安全监督检查问题清单

本次检查共发现问题 ×× 个，其中：严重问题 ×× 个、较重问题 ×× 个，一般问题 ×× 个，各参建单位问题情况如下：

一、项目法人

严重问题 ×× 个

1. 问题描述：________________

违规行为：________________

附图：

……

较重问题 ×× 个

1. 问题描述：________________

违规行为：________________

附图：

……

一般问题 ×× 个

1. 问题描述：________________

违规行为：________________

附图：

……

二、勘察设计单位

严重问题 ×× 个

1. 问题描述：________________________________

违规行为：________________________________

附图：

……

三、监理单位

严重问题 ×× 个

1. 问题描述：________________________________

违规行为：________________________________

附图：

……

四、施工单位

严重问题 ×× 个

1. 问题描述：________________________________

违规行为：________________________________

附图：

……

五、质量检测单位

严重问题 × × 个

1. 问题描述：____________________

违规行为：____________________

附图：

……

附件 4

×× 工程监督检查问题整改台账

检查组组长：　　　　　　　　　　成员：

检查时间：×× 年 ×× 月 ×× 日

序号	检查部位	违规行为	问题描述	严重程度	责任单位	责任人	是否整改到位	整改完成时间	备注

第十六章 列席法人验收及核备验收质量结论

一、环节名称

列席法人验收会议及核备验收质量结论

二、实施机构

× × 工程建设质量与安全监督机构

三、申请主体

项目法人（建设单位）

四、设立与实施依据

（一）《水利工程建设项目验收管理规定》（水利部30号令，2017年12月22日第三次修正）

第十六条：“法人验收后，质量评定结论应当报该项目的质量监督机构核备。未经核备的，不得组织下一阶段验收。”

（二）水利部办公厅关于印发水利建设工程质量监督工作清单的通知（办监督〔2019〕211号）

9 列席项目法人组织的验收会议

9.1 列席项目法人组织的单位工程验收、工程阶段验收，列席工程竣工验收自查会议；

9.2 宜列席大型枢纽工程主要建筑物的分部工程验收；

9.3 可列席重要隐蔽（关键部位）单元工程验收。

根据质量监督检查情况，对所列席的项目法人组织的验收提出质量监督意见，必要时向项目主管部门报告。”

（三）SL 223—2008《水利水电建设工程验收规程》

3.0.7 项目法人应在分部工程验收通过之日后10个工作日内，将验收质量结论和相关资料报质量监督机构核备。大型枢纽工程主要建筑物分部工程的验收质量结论应报质量监督机构核定。

3.0.8 质量监督机构应在收到验收质量结论之日后20个工作日内，将核备（定）意见书面反馈项目法人。

3.0.9 当质量监督机构对验收质量结论有异议时，项目法人应组织参加验收单位进一步研究，并将研究意见报质量监督机构。当双方对质量结论仍然有分歧意见时，应报上一级质量监督机构协调解决。

4.0.4 项目法人组织单位工程验收时，应提前通知质量和安全监督机构。主要建筑物单位工程验收应通知法人验收监督管理机关。法人验收监督管理机关可视情决定是否列席验收会议，质量和安全监督机构应派员列席验收会议。

4.0.11　项目法人应在单位工程验收通过之日起 10 个工作日内，将验收质量结论和相关资料报质量监督机构核定。

4.0.12　质量监督机构应在收到验收质量结论之日起 20 个工作日内，将核备意见反馈项目法人。

4.0.13　当质量监督机构对验收质量结论有异议时，应按 3.0.9 的规定执行。

8.2.3　项目法人组织工程竣工验收自查前，应提前 10 个工作日通知质量和安全监督机构，同时向法人验收监督管理机关报告。质量和安全监督机构应派员列席自查工作会议。

8.2.4　项目法人应在完成竣工验收自查工作之日起 10 个工作日内，将自查的工程项目质量结论和相关资料报质量监督机构。

（四）SL 176—2007《水利水电工程施工质量检验与评定规程》

5.3.2　重要隐蔽单元工程及关键部位单元工程经施工单位自评合格、监理单位抽检后，由项目法人（或委托监理）、监理、设计、施工、工程运行管理（施工阶段已经有时）等单位组成联合小组，共同检查核定其质量等级并填写签证表，报工程质量监督机构核备。

5.3.3　分部工程质量，在施工单位自评合格后，由监理单位复核，项目法人认定。分部工程验收的质量结论由项目法人报质量监督机构核备。大型枢纽工程主要建筑物的分部工程验收的质量结论由项目法人报质量监督机构核定。

5.3.4　单位工程质量，在施工单位自评合格后，由监理单位复核，项目法人认定。单位工程验收的质量结论由项目法人报质量监督机构核定。

5.3.5　工程项目质量，在单位工程质量评定合格后，由监理单位进行统计并评定工程项目质量等级，经项目法人认定后，报工程质量监督机构核定。

附录 A.2.4、附录 A.3.4、附录 A.4.4、附录 A.5.4，工程外观质量评定结论由项目法人报工程质量监督机构核定。

（五）《关于印发水文设施工程质量评定暂行办法的通知》（水文计〔2016〕161 号）

第三十二条：“分部工程质量，在施工单位自评合格后，由监理单位复核，报项目法人认定。”

第三十三条：“单位工程质量，在施工单位自评合格后，由监理单位复核，报项目法人认定。”

第三十四条：“工程项目质量，在全部单位工程质量评定合格后，建立单位负责统计并评定工程项目质量等级，由项目法人认定并报质量监督机构核定。”

五、办理条件

施工质量评定资料齐全，质量评定验收程序合规，监督检查的问题已完成整改。

六、材料目录

（一）重要隐蔽（关键部位）单元工程质量结论核备材料

1. 重要隐蔽（关键部位）单元工程施工质量结论核备表。

2. 重要隐蔽（关键部位）单元工程质量等级验收签证表。

3. 重要隐蔽（关键部位）单元工程施工质量评定表。

4. 备查资料

（二）分部工程质量结论核备材料

1. 分部工程施工质量评定表。

2. 分部工程验收鉴定书。

3. 分部工程施工质量结论核备备查资料及资料清单。

（三）单位工程质量核备材料

1. 单位工程外观质量评定表。

2. 单位工程施工质量评定表。

3. 单位工程验收鉴定书。

4. 单位工程施工质量结论核备备查资料及资料清单。

（四）竣工验收项目法人自查核备材料

1. 工程项目施工质量评定表。

2. 工程项目竣工验收自查工作报告。

3. 备查资料。

材料形式：原件 2 份，PDF 电子版；备查资料 1 份。

七、办理结果

（一）同意核备

在项目法人提交的《重要隐蔽（关键部位）单元工程施工质

量结论核备表》《分部工程施工质量评定表》《单位工程外观质量评定表》《工程项目施工质量评定表》中签署核备意见后盖章、反馈。

（二）不予核备

反馈《关于不予核备 ×× 工程验收质量结论的函》。

八、时间要求

项目法人：在各类验收通过之日后10个工作日内提交核备资料。

监督机构：收到申请材料 20 个工作日内反馈审核结果。

九、办理咨询

咨询地址：山东省济南市历下区历山路 127 号（示例）。

十、办理流程

1. 收件。申请人提交申请材料，监督机构收到申请后，启动办理程序。

2. 办理。13 个工作日内完成。承办人员对申请资料是否规范齐全，质量评定程序是否合规，监督机构监督检查发现问题是否已完成整改进行审核。审核通过后，承办人员在《重要隐蔽（关键部位）单元工程施工质量结论核备表》或《分部工程施工质量评定表》或《单位工程外观质量评定表》或《工程项目施工质量评定表》拟定核备意见；经审核不满足核备要求的，承办人员拟定《关于不予核备 ×× 工程验收质量结论的函》。

3. 负责人签发。5 个工作日内完成。负责人对承办人员办理意见进行审核并签发。

4. 办文。2 个工作日内完成。排版、盖章，结束办文程序。

5. 送达结果。

十一、追责情形

对于未按照有关规定报送工程质量结论核备资料的，按照《水利工程建设质量与安全生产监督检查办法（试行）》中责任追究标准及有关规定，采取书面督促、责令整改等方式进行处理。

十二、附件（空表、样表、文书示例）

附件 1　对列席 ×× 工程验收的质量监督意见

附件 2　关于不予核备 ×× 工程验收质量结论的函

附件 3　关于报送 ×× 工程验收质量结论的函

附件 4　重要隐蔽（关键部位）单元工程施工质量结论核备表

附件 5　分部工程施工质量结论核备备查资料清单

附件 6　单位工程施工质量结论核备备查资料清单

附件 1

对列席 ×× 工程验收的质量监督意见

×× 工程项目法人：

本次验收的 ×× 工程 ××（分部或单位）工程包含重要隐蔽（关键部位）单元工程 ×× 个 / 分部工程 ×× 个，已按照规定进行质量结论核备，历次监督检查和及监督检测发现的问题全部整改到位。请于验收通过之日后 10 个工作日内，将验收质量结论和相关资料报监督机构核备。

×× 工程建设质量与安全监督机构（章）

×× 年 ×× 月 ×× 日

附件 2

关于不予核备 ×× 工程验收质量结论的函

×× 工程项目法人：

你单位报来的《关于核备 ×× 工程验收质量结论的申请》（文号）已收悉。经审核，本次报送的 ×× 个重要隐蔽（关键部位）单元工程、×× 个分部工程、×× 个单位工程验收质量资料不规范不齐全 / 质量评定程序不合规 / 监督机构检查的问题未完成整改，不符合 SL 176—2007《水利水电工程施工质量检验与评定规程》要求，本次不予核备。请补充完善后重新进行质量验收结论核备申请。

×× 工程建设质量与安全监督机构（章）

×× 年 ×× 月 ×× 日

附件 3

关于报送 ×× 工程验收质量结论的函

×× 工程项目法人：

根据 ×× 等有关规定，你单位应________。

截至目前，我单位未收到你单位报送 ×× 工程的工程验收质量结论，请你单位在 5 个工作日内按要求将有关资料报送至监督机构。逾期未报送的，将按有关规定进行责任追究。

×× 工程建设质量与安全监督机构（章）

×× 年 ×× 月 ×× 日

附件 4

重要隐蔽（关键部位）单元工程
施工质量结论核备表

工 程 名 称			
单位工程名称			
分部工程名称			
单元工程名称	单元工程编码	开、完工日期	签证质量等级
工 程 类 别	☑ 重要隐蔽单元工程	☐关键部位单元工程	
联合小组签证日期		核备申报日期	

核备意见（示例）：

项目法人 ×× 月 ×× 日提报上述重要隐蔽单元工程质量结论核备资料，监督机构进行了抽查审核，并分别提出审核意见。截至目前，项目法人提报的重要隐蔽单元工程质量评定资料基本规范齐全，质量评定验收程序合规，历次监督检查发现的问题整改基本到位，同意核备上述重要隐蔽单元工程质量结论。

×× 工程建设质量与安全监督机构（章）

×× 年 ×× 月 ×× 日

附件 5

分部工程施工质量结论核备备查资料清单

工程名称	
分部工程名称	
设计单位	
监理单位	
施工单位	
验收日期	

序号	资料名称	备注
1	分部工程质量检测资料	
2	验收申请报告	
3	单元工程质量评定汇总表	
4	单元工程质量评定资料	
5	原材料、中间产品、混凝土（砂浆）试件等检验与评定资料	
6	金属结构、启闭机、机电产品等检验及运行试验记录资料	
7	监理抽查资料	
8	设计变更资料	
9	质量缺陷备案表	
10	质量事故资料	
11	其他	
项目法人：		××年××月××日

附件 6

单位工程施工质量结论核备备查资料清单

工程名称		
设计单位		
监理单位		
施工单位		
验收日期		
序号	资 料 目 录	备注
1	单位工程施工质量检验与评定资料核查表	
2	单位工程完工质量检测资料	
3	单位工程外观质量评定表	
4	工程施工期及试运行期观测资料及分析结果	
5	竣工图	
6	质量缺陷备案资料	
7	质量事故处理情况资料	
8	分部工程遗留问题已处理情况及验收情况	
9	未完工程清单、未完工程的建设安排	
10	验收申请报告	
11	工程建设管理工作报告	
12	工程建设监理工作报告	
13	工程设计工作报告	
14	工程施工管理工作报告	
15	其他	
项目法人：		×× 年 ×× 月 ×× 日

第十七章
参加政府验收及提交监督报告

一、环节名称

参加政府验收及提交监督报告

二、实施机构

××工程建设质量与安全监督机构

三、申请主体

无

四、设立与实施依据

（一）《水利工程建设项目验收管理规定》（水利部30号令，2017年12月22日第三次修正）

第二十四条：“阶段验收的验收委员会由验收主持单位、该项目的质量监督机构和安全监督机构、运行管理单位的代表以及有关专家组成；必要时，应当邀请项目所在地的地方人民政府以及有关部门参加。

工程参建单位是被验收单位，应当派代表参加阶段验收工作。”

第三十五条：“竣工验收的验收委员会由竣工验收主持单位、有关水行政主管部门和流域管理机构、有关地方人民政府和部门、该项目的质量监督机构和安全监督机构、工程运行管理单位的代表以及有关专家组成。工程投资方代表可以参加竣工验收委员会。”

（二）水利部办公厅关于印发水利建设工程质量监督工作清单的通知（办监督〔2019〕211号）

8.1 在项目主管部门主持或委托有关部门主持的阶段验收或竣工验收时，提交工程质量评价意见或质量监督报告。

10.1 参加项目主管部门或委托有关部门主持的阶段验收和竣工验收。

作为验收委员会（工作组）成员，参加工程阶段验收和工程竣工验收，提交质量监督报告，明确提出质量结论意见。

（三）SL 223—2008《水利水电建设工程验收规程》

8.5.1 竣工验收委员会可设主任委员1名，副主任委员以及委员若干名，主任委员应由验收主持单位代表担任。竣工验收委员会由竣工验收主持单位、有关地方人民政府和部门、有关水行政主管部门和流域管理机构、质量和安全监督机构、运行管理单位的代表以及有关专家组成。工程投资方代表可参加竣工验收委员会。

（四）SL 176—2007《水利水电工程施工质量检验与评定规程》

5.3.6 阶段验收前，工程质量监督机构应提交工程质量评价意见。

5.3.7 工程质量监督机构应按有关规定在工程竣工验收前提交工程质量监督报告，工程质量监督报告应有工程质量是否合格的明确结论。

五、附件（空表、样表、文书示例）

附件 水利工程建设质量与安全监督报告

附件

× × 工程

质量与安全监督报告

× × 工程建设质量与安全监督机构（章）

× × 年 × × 月

批准：

审核：

编写：

一、工程概况

（一）工程简况

（1）工程主要特性：包括工程名称、地点、规模、开工时间和建设任务，主要特性指标，预期经济效益与社会效益等。

（2）工程总布置和主要建筑物：工程总布置和主要建筑物及其设计标准等。

（3）本次阶段验收范围（阶段验收编写）：阶段验收工程验收范围，验收内容等。

（二）工程建设情况

（1）工程设计审批过程：简述工程设计、重大设计变更等批复情况。

（2）主要参建单位：简述项目法人等各参建单位名称以及承担标段划分情况。

（3）工程设计变更：简述工程一般和重大设计变更内容。

二、质量与安全监督工作基本情况

（一）监督机构设置

监督书的签订情况，监督人员配备及分工情况。

（二）监督主要依据

（1）国家法律、法规、规章及规范性文件有关规定。

（2）国家及行业现行技术标准。

（3）批准的工程设计文件及合同等。

（三）工作方式和内容

水利工程建设质量与安全监督的工作方式以抽查为主。根据本建设项目的工程等级、工程规模及监督能力，×× 工程建设质量与安全监督机构采取设站常驻工程现场 / 巡查监督的工作方式开展监督工作。

监督工作的主要内容包括手续办理、监督检查、质量监督检测等。监督检查内容包括复核质量安全责任主体资质、检查或复核质量责任主体的质量管理体系建立情况、检查质量责任主体的质量管理体系运行情况、质量监督检测。

三、质量与安全监督工作开展情况

（一）手续办理

（1）办理了监督手续，制定了监督计划，进行了质量安全监督工作交底。

（2）核备了主体工程质量与安全有重要影响的临时工程质量检验及评定标准、规范未列出的外观质量评定项目质量标准及标准分，批准了《单元工程评定标准》尚未涉及的项目质量评定标准。

（3）确认工程项目划分。具体为：项目法人组织设计、监理、施工单位制定了项目划分方案，上报了项目划分表和项目划分说明。监督机构根据 SL 223—2008《水利水电建设工程验收规程》和 SL 176—2007《水利水电工程施工质量检验与评定规程》

等有关规定，结合工程实际，分别以“××〔 〕××号” 文件对项目划分进行了确认，本工程共划分为 ×× 个单位工程、个分部工程，其中主要单位工程 ×× 个、主要分部工程 ×× 个。

本次 ×× 阶段验收共涉及 ×× 个单位工程，×× 个分部工程。（阶段验收编写）

（4）备案了质量检测方案、工程质量缺陷备案表等工程资料，审核了竣工验收质量抽检方案，核备了蓄水安全鉴定专家组组成情况。

（5）核备了 ×× 个重要隐蔽（关键部位）单元工程质量结论、×× 个分部工程验收质量结论、×× 个单位工程外观质量评定结论、×× 个单位工程及外观质量结论和工程项目质量结论。

（6）备案了保证安全生产的措施方案，重大事故隐患治理方案，拆除工程或者爆破工程施工的相关资料，隐患排查治理统计分析情况，重大事故隐患排查治理情况，重大危险源辨识和安全评估的结果，项目安全生产事故应急救援预案、专项应急预案等。

（7）复核了设计、监理、施工、检测等单位的资质等级及其相关人员持证上岗情况。

（8）检查了项目法人的质量与安全管理体系、监理单位的质量与安全控制体系、施工单位的质量与安全保证体系及设计单位质量与安全服务体系的建立及运行情况。

（9）抽查了各参建单位执行质量与安全生产相关法规、技术规程、规范、标准的情况。

（10）抽查了施工单位、监理单位及项目法人原材料、中间产品的检验与检测资料，单元工程质量检验与评定资料，重要隐蔽（关键部位）单元工程质量等联合验收资料等。

（二）监督检查

工程开工以来，监督机构共开展了 ×× 次监督检查活动，复核了设计、监理、施工、检测等单位的资质等级及其相关人员持证上岗情况，检查了项目法人的质量与安全管理体系、监理单位的质量与安全控制体系、施工单位的质量与安全保证体系及设计单位质量与安全服务体系的建立及运行情况，抽查了各参建单位执行质量与安全生产相关法规、技术规程、规范、标准的情况，抽查了施工单位、监理单位及项目法人原材料、中间产品的检验与检测资料，单元工程质量检验与评定资料，重要隐蔽（关键部位）单元工程质量等联合验收资料等。共发现监督检查问题 ×× 个，其中项目法人 ×× 个，监理单位 ×× 个，设计单位 ×× 个，检测单位 ×× 个，施工单位 ×× 条。整改落实情况项目法人均已书面反馈。

（三）工程质量监督检测

监督机构开展的质量监督检测情况，包括历次抽检项目、数量及结论等。

四、工程质量安全事故和质量缺陷处理

工程质量与安全事故处理情况。质量缺陷处理结果及备案情况。

五、工程项目质量与安全结论意见

（一）工程质量结论意见

（阶段验收意见）本次阶段验收所涉及的分部工程 / 单位工

程质量等级经施工单位自评、监理单位复核均达到合格及以上，重要隐蔽及关键部位单元工程质量结论均已核备，原材料及混凝土试件质量合格，施工质量检验与评定资料基本齐全。工程施工中未发生过质量事故。已完工程施工质量基本满足本次阶段验收要求。

（竣工技术预验收意见）本工程建设内容全部完成。工程设计符合规范要求，施工质量满足设计要求，工程形象面貌满足工程竣工验收要求，分部工程验收、单位工程验收和蓄水阶段验收已完成，环境保护、水土保持、库底清理和工程档案专项验收已完成。蓄水安全鉴定及验收遗留主要问题已得到落实和处理，主体工程投入运行以来，各建筑物运行正常。工程具备竣工技术预验收条件。

（竣工验收意见）工程建设内容全部完成。工程建设施工过程中，建设（代建）、设计、监理、施工、检测等单位建立健全了质量管理体系，质量管理体系运行基本有效。设计、监理、施工和检测等单位资质符合要求，各参建单位质量行为符合要求，工程质量总体处于受控状态。

建设单位组织有关参建单位对施工过程中所用原材料、中间产品已按相关规范和设计要求进行了检验；金属结构、启闭机及其配套设备、发电机组设备进场后进行了联合验收。与工程质量有关的施工记录、检验与评定资料基本齐全。单元工程、分部工程的质量结论，已经履行了施工单位自评、监理单位复核、建设单位认定的程序，符合质量评定相关规定。单元工程施工质量检验资料齐全；隐蔽工程、分部工程、单位工程等验收手续比较完备，没有发生质量事故，有关质量缺陷经补强处理，不影响工程安全和使用功能，并已进行备案。

根据建设单位提供的单元工程、分部工程和单位工程等质量验收评定资料，经监督机构抽查并对现场施工质量控制情况检查，××个单位工程施工质量全部合格，其中××个单位工程优良，优良率为××，工程施工质量达到××标准。

依据 SL 223—2008《水利水电建设工程验收规程》的规定，工程总体施工质量满足设计和现行规范的要求，具备××验收条件，请验收委员会鉴定。

（二）安全生产评价意见

各参建单位按照国家有关安全法律法规和行业安全生产要求，认真履行相应安全生产职责：安全生产管理机构健全，安全生产规章制度齐全，安全生产责任制落实；安全技术措施同步编制；安全技术交底及安全生产检查到位；特种作业持证上岗，操作人员熟悉安全操作规程；文明施工措施明确并落实到位。工程未发生安全事故。

六、附件

（一）有关该工程项目质量安全监督人员情况表

（二）工程建设过程中质量安全监督意见汇总

第十八章 受理工程质量举报投诉

一、环节名称

受理工程质量举报投诉

二、实施机构

×× 工程建设质量与安全监督机构

三、举报主体

任何单位和个人

四、设立与实施依据

（一）《建设工程质量管理条例》（国务院令第 279 号）

第五十三条：“任何单位和个人对建设工程的质量事故、质量缺陷都有权检举、控告、投诉。”

（二）《水利工程质量管理规定》（2023 年 1 月 12 日，水利部令第 52 号）

第七条：“任何单位和个人对水利工程建设中发生的质量事故、质量缺陷和影响工程质量的行为均有权检举、控告、投诉。”

（三）《中共中央国务院关于开展质量提升行动的指导意见》（中发〔2017〕24 号）

三（十八）：“创新质量治理模式，注重社会各方参与，健全社会监督机制，推进以法治为基础的社会多元治理，构建市场主体自治、行业自律、社会监督、政府监管的质量共治格局。”

（四）《水利部办公厅关于印发水利建设工程质量监督工作清单的通知》（办监督〔2019〕211 号）

12. 受理质量举报投诉

五、材料目录

举报人需提供针对工程质量问题的相关信息，以书面材料为宜（不限于纸质材料，可使用电子版文件、影像等多种形式）。

六、时间要求

1. 收到举报后 5 日内确定是否受理。

2. 受理后 30 日内处理完毕。情形较为复杂的，根据实际情况及时组织并完成处理。

七、举报渠道

地址：山东省济南市历下区历山路 127 号（示例）。

八、办理流程

1. 收件。监督机构在收到工程建设质量投诉举报后，做好举报记录，并填写《工程质量举报投诉记录表》。

2. 受理。根据举报内容、涉及项目是否为监督机构监督项目、是否处于监督期等情况研究受理意见，填写《工程质量举报投诉受理意见书》。对不在受理范围的举报，及时告知举报人原因和依据。

3. 调查处理。

（1）监督机构及时对举报问题进行核实。根据需要组织现场调查处理，必要时请举报人到现场指证和签字确认。

（2）经查确实存在质量问题的，监督机构下发书面通知责成项目法人及有关责任单位采取措施限期整改，问题严重的，责令停工整顿，并向水行政主管部门报告，追究相关责任单位和责任人的责任。

（3）工程质量问题处理完毕后，项目法人（建设单位）汇总提交质量问题处理完毕的证明材料，项目监督机构复查后，做好《工程质量举报投诉处理结果记录》。

4. 处理结果。对实名举报投诉的，及时将质量问题调查处理结果回复举报人。

九、追责情形

经查工程参建单位确实存在质量问题的，按照《水利工程建设质量与安全生产监督检查办法（试行）》中责任追究标准及有关规定，采取责令整改、约谈等方式进行处理。

十、附件（空表、样表、文书示例）

附件 1　工程质量举报投诉记录表

附件 2　工程质量举报投诉受理意见表

附件 3　工程质量举报投诉处理结果记录表

附件 4　工程质量举报投诉调查报告

附件 1

工程质量举报投诉记录表

编号：　　　　填表人：　　　　　　填表时间：

<table>
<tr><td>举报人</td><td></td><td>身份证号</td><td></td><td>联系电话</td><td></td></tr>
<tr><td>举报方式</td><td></td><td>举报时间</td><td></td><td>接诉人</td><td></td></tr>
<tr><td>工程名称</td><td></td><td>工程现状</td><td>（施工阶段）</td><td>工程所在地</td><td></td></tr>
<tr><td>建设单位</td><td></td><td>监理单位</td><td></td><td>勘察单位</td><td></td></tr>
<tr><td>设计单位</td><td></td><td>施工单位</td><td></td><td>检测单位</td><td></td></tr>
<tr><td>工程主要内容</td><td></td><td>问题的主要部位</td><td></td><td>工程造价</td><td></td></tr>
<tr><td>主要问题简述</td><td colspan="5"></td></tr>
<tr><td rowspan="3">处理情况</td><td>信函（接收人、接收时间）</td><td></td><td>传真、电话（接收人、接收时间）</td><td colspan="2"></td></tr>
<tr><td colspan="5">催办（时间、接话人、答复意见）</td></tr>
<tr><td colspan="5">办复情况（时间、方式、处理结果）</td></tr>
<tr><td colspan="6">备注：</td></tr>
</table>

附件 2

工程质量举报投诉受理意见表

编号：

工程名称	
举报内容	
受理意见	1. 我单位已受理您于 ×× 年 ×× 月 ×× 日提出的质量举报。我单位将及时进行处理，处理结束后将及时告知结果。 2. 经核实，您举报投诉质量问题涉及的 ×× 项目，质量监督机构为 ××，请向 ×× 进行举报。 3. 经核实，您举报投诉质量问题涉及的 ×× 项目，不在本单位质量监督期内，请向 ×× 进行举报。 4. 本次举报超出我单位受理权限，建议向 ×× 部门举报。 联系人：　　　　联系方式： ×× 工程建设质量与安全监督机构（章） ×× 年 ×× 月 ×× 日

附件 3

工程质量举报投诉处理结果记录表

编号：

举报人简介	姓名	身份证号	举报方式	联系电话	单位（住址）
举报内容					
调查及鉴定简况					
处理方案及过程					
处理结果					
举报人意见					
经办人： ××年××月××日					

附件 4

工程质量举报投诉调查报告

编号：　　　　　　　　填表时间：

<table>
<tr><td>工程名称</td><td colspan="3"></td></tr>
<tr><td>举报内容</td><td colspan="3"></td></tr>
<tr><td>调查核实情况</td><td colspan="3">可另附页</td></tr>
<tr><td>责任认定与
处理建议</td><td colspan="3"></td></tr>
<tr><td>其他应明确的
事项</td><td colspan="3"></td></tr>
<tr><td rowspan="5">调查人签名</td><td>单位</td><td>职务、职称</td><td>签名</td></tr>
<tr><td></td><td></td><td></td></tr>
<tr><td></td><td></td><td></td></tr>
<tr><td></td><td></td><td></td></tr>
<tr><td></td><td></td><td></td></tr>
</table>

第十九章
建立质量与安全监督档案

一、环节名称

建立质量与安全监督档案

二、实施机构

× × 工程建设质量与安全监督机构

三、申请主体

无

四、设立与实施依据

（一）《水利工程建设项目档案管理规定》（水办〔2021〕200 号）

第三条：“项目档案工作是水利工程建设项目建设管理工作

的重要组成部分，应融入建设管理全过程，纳入建设计划、质量保证体系、项目管理程序、合同管理和岗位责任制，与建设管理同步实施，所需费用应列入工程投资。”

第四条：“项目档案应完整、准确、系统、规范和安全，满足水利工程建设项目建设、管理、监督、运行和维护等活动在证据、责任和信息等方面的需要。”

（二）《水利科学技术档案管理规定》（水办〔2010〕80号）

第四条：“各单位应认真履行档案管理与保护的法律责任和义务，加强对档案工作的领导，建立健全水利科技档案工作制度，统筹安排业务经费，依法保障水利科技档案工作的正常开展。”

（三）《水利档案工作规定》（水办〔2020〕195号）

第七条：“各单位应当确定档案工作机构或档案工作负责部门（以下统称档案管理部门），负责管理本单位的档案，并对所属单位的档案工作实行监督和指导。”

第十七条：“各单位应当按照国家对各门类档案收集范围的相关规定，编制本单位文件材料归档范围和档案保管期限表。水利部机关、地方水行政主管部门文件材料归档范围和档案保管期限表经同级档案主管部门审查同意后施行；水利部直属单位文件材料归档范围和档案保管期限表经水利部审查同意后施行。文件材料归档范围和档案保管期限表应当全面、系统反映本单位主要职能活动和基本历史面貌。”

第十八条：各单位文书或业务部门按照归档范围及时收集应归档的文件材料，归档文件材料应为原件，应当真实、准确、系统，组件齐全、内容完整。

第十九条：“档案整理应遵循文件材料的形成规律，保持文件材料的有机联系，区分不同价值，便于保管和利用。各门类档案的整理方法按照有关规范执行。”

（四）《建设项目电子文件归档和电子档案管理暂行办法》（档发〔2016〕11号）

第十四条：“项目电子文件应当采用符合国家标准或能够转换成国家标准的文件格式，利于信息共享和长期保存。项目电子文件归档保存的格式应当符合国家规定的电子档案长期保存的要求。”

（五）GB/T 11822—2008《科学技术档案案卷构成的一般要求》

1　范围

本标准规定了科学技术档案案卷的组卷原则和方法、案卷和案卷内文件材料的排列、案卷的编目、案卷的装订、卷盒、表格规格及其制成材料的质量要求。

五、工作要求

以被监督工程项目为对象，以项目监督机构的建立、质量与安全监督工作的开展至竣工验收后的整个监督期为时段，对项目监督机构监督工作的真实记载。水利工程监督档案工作是监督工作的重要组成部分，必须及时、系统、准确、完整地整理监督工作文件资料。监督档案资料归档按 GB/T 1822—2008《科学技术档案案卷构成的一般要求》实施，除按规定进行的文本档案存档外，还宜采用电子文档的形式进行存档。电子文件归档应符合《建设项目电子文件归档和电子档案管理暂行办法》等相关规定要求。待工程完成竣工验收后，项目监督机构应根据主管部门监督机构的要求及时上交档案资料，并办理移交档案手续，并满足以下 4 个要求：

1. 系统性：归档材料从监督书的签订至工程结束的整个监督期间，包括项目站的演变过程、人员培训、制度制定与完善过程、不同阶段不同方面的质量安全监督工作的开展情况等。

2. 准确性：归档文件必须真实地记录和准确地反映工程项目质量安全监督的实际情况，图、文相符，技术数据可靠，签字手续完备，字迹清晰，文件符合档案管理的有关规定。

3. 完整性：归档材料必须能真实地记录和反映项目监督机构质量与安全监督监督计划的贯彻落实、参建单位资质及人员资格审查、质量与安全体系检查、项目划分确认与外观质量评定标准的核备、质量安全监督检查记录与施工质量检验资料核查、工程质量核备、施工质量评价意见及工程质量监督报告及有关单位的来往文件等质量与安全监督工作的全过程。

4. 统一管理：项目监督机构应建立完善的档案管理制度，指定专人集中统一管理，编制文件资料目录，将文件资料按国家有关的档案管理办法建档立卷保存。

六、文件资料收集与存档

监督机构应将工作中形成的有关工程的各种材料按档案主管

部门的要求，明确监督文件材料的归档范围和保管期限，做好分类方案及归档组卷等工作，由专人及时进行收集、整理和立卷。

监督资料归档的分类与主要内容包括：

1. 项目监督机构的建立：成立文件、项目监督书、各项规章制度等文件。

2. 质量与安全监督计划：下发监督计划的通知、各阶段的监督计划、监督计划调整补充通知等文件。

3. 工程项目划分确认及核备质量评定标准：工程项目划分报送及确认文件、各项质量评定标准报送及核备文件。

4. 质量与安全监督检查：质量与安全体系建立及运行情况监督检查记录、现场监督检查整改通知书、监督检查和监督检测发现问题整改落实情况回复等文件。

5. 质量和安全问题：水利工程施工质量缺陷备案表、质量与安全事故报告、质量事故调查报告、质量事故处理方案、质量事故处理结果等文件。

6. 施工质量及安全的备案等文件。

7. 阶段验收、竣工验收工程质量与安全监督报告。

8. 质量检测单位文件资料：竣工抽检方案和报告、监督检测报告。

9. 其他应归档的有关资料。

七、时间要求

随工程项目进展形成的各项档案资料，及时立卷归档。

八、追责情形

《水利档案工作规定》(水办〔2020〕195号)第四十一条:“对违反档案法律法规有关规定的单位或个人,由县级以上档案主管部门或上级主管部门责令限期改正;情节严重的,对相关责任人员依法给予处分;涉嫌构成犯罪的,移送司法机关依法追究刑事责任。”

九、附件(空表、样表、文书示例)

附件　案卷编目式样

图 1　案卷封面式样

图 2　案卷脊背式样

图 3　卷内目录式样

图 4　卷内备考表式样

图 5　案卷目录

图 6–1　卷盒及其展开式样

图 6–2　卷盒展开示意图

图 7　档号章格式

附件

案卷编目式样

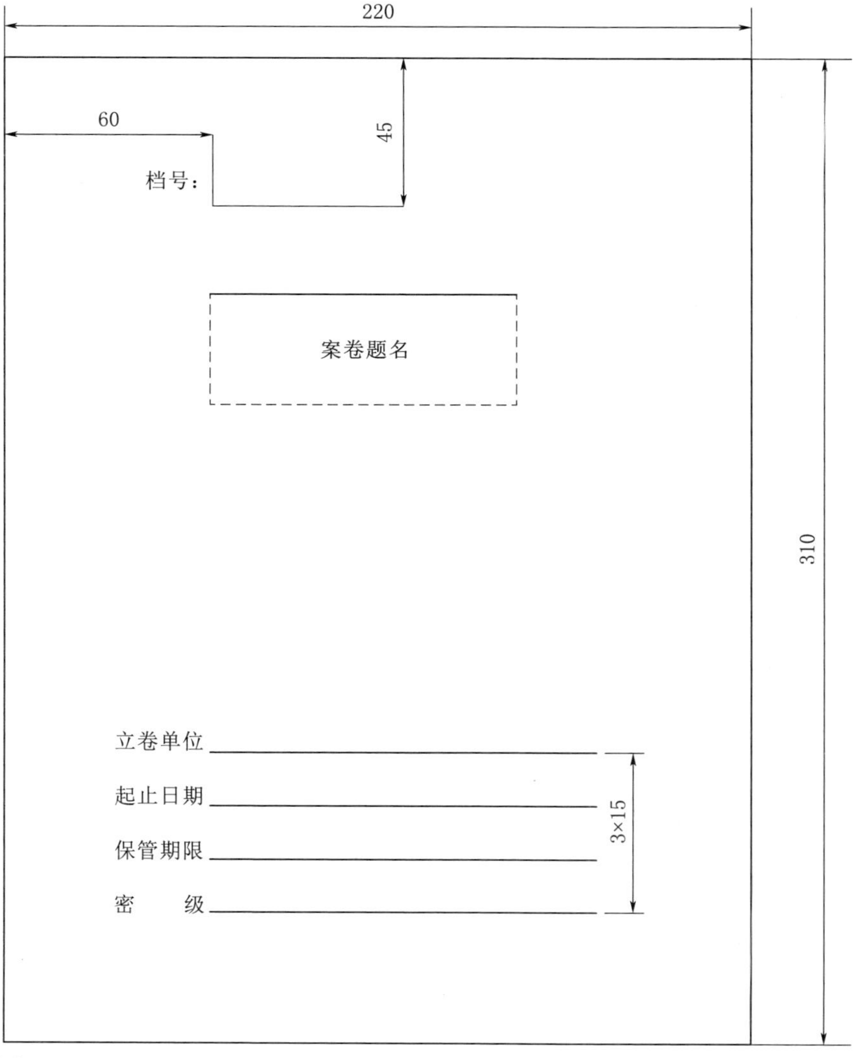

单位：mm；
比例：1 ∶ 2

图 1　案卷封面式样

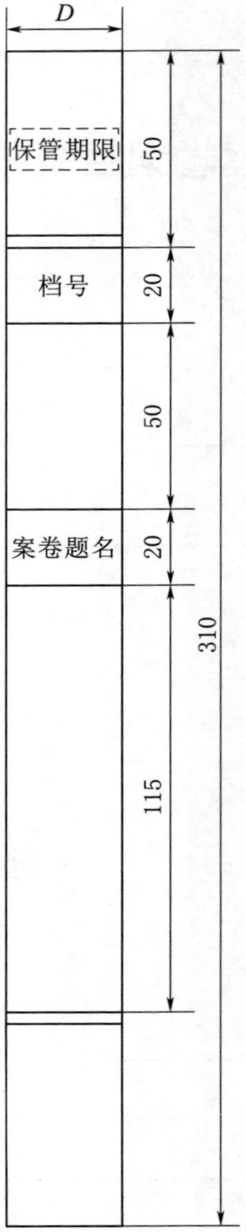

比例1:2

D=10、20、30、40、50、60；
单位：mm

图2　案卷脊背式样

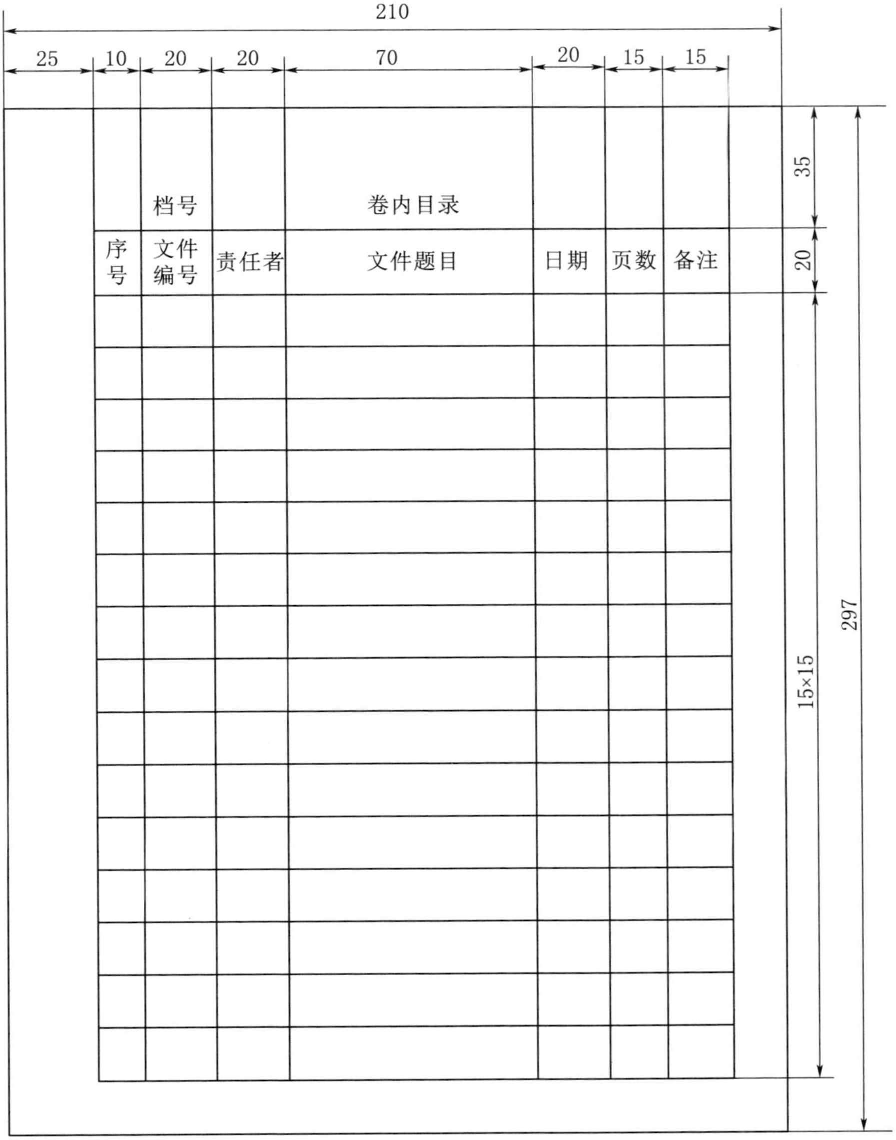

单位：mm；
比例：1 ∶ 2

图 3　卷内目录式样

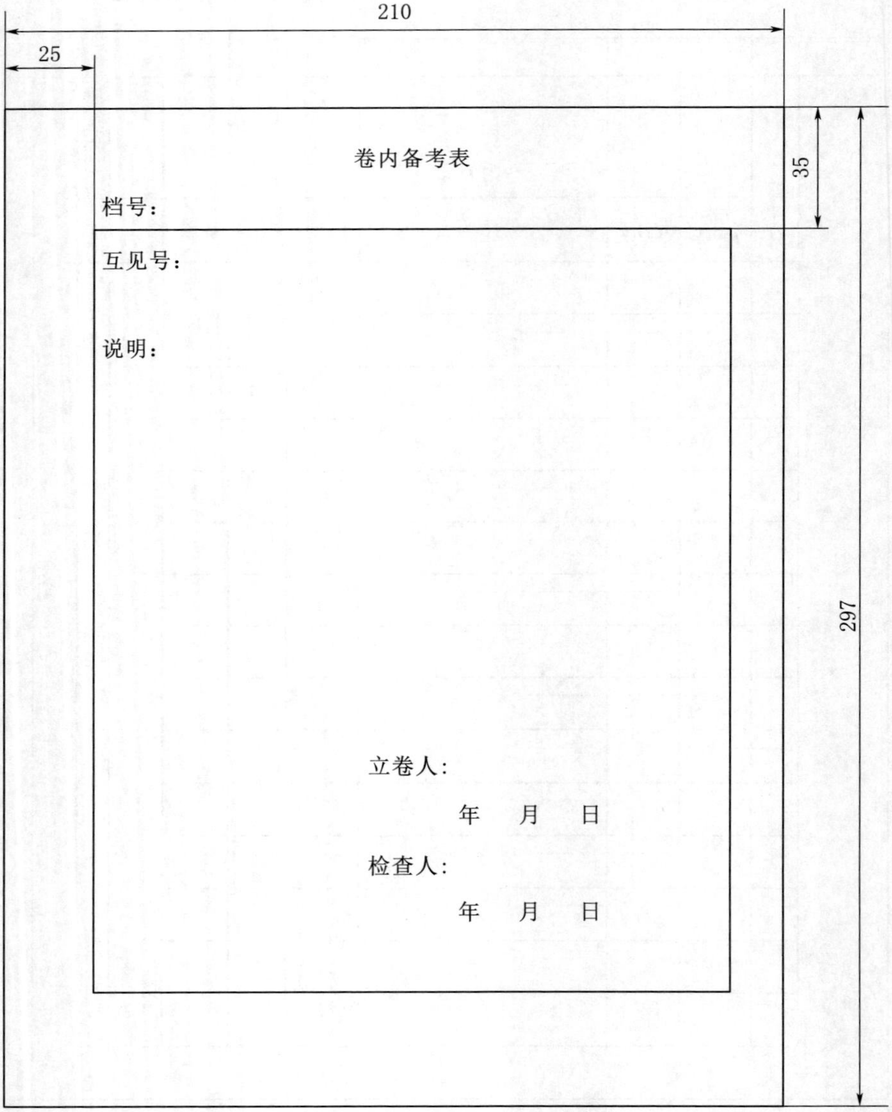

单位：mm；

比例：1 ：2

图 4　卷内备考表式样

单位：mm；
比例：1 ∶ 2

图 5　案卷目录

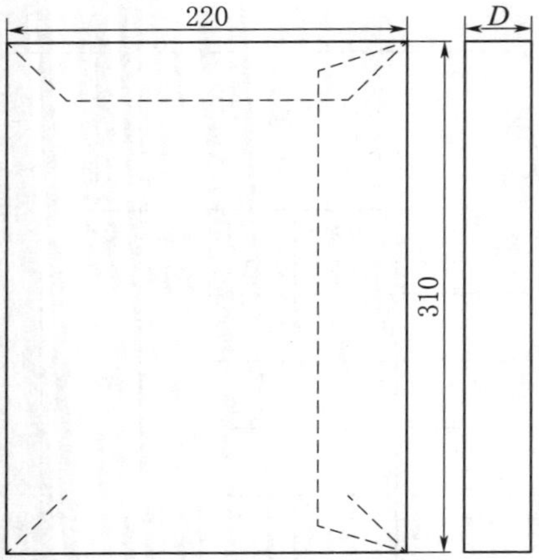

D=10、20、30、40、50、60；
单位：mm；
比例：1 ：2

图 6-1　卷盒及其展开式样

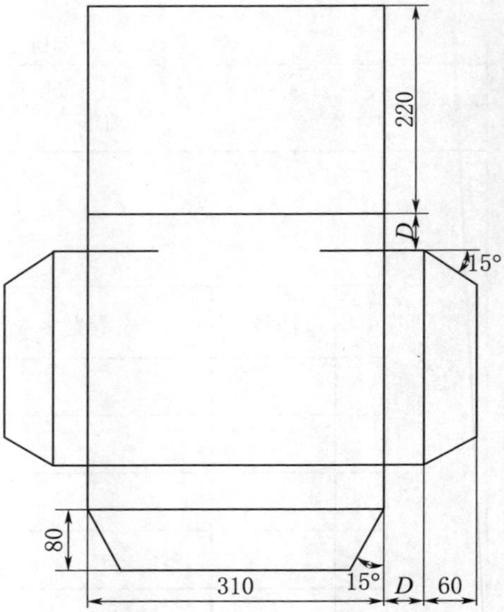

单位：mm；
比例：1 ：4

图 6-2　卷盒展开示意图

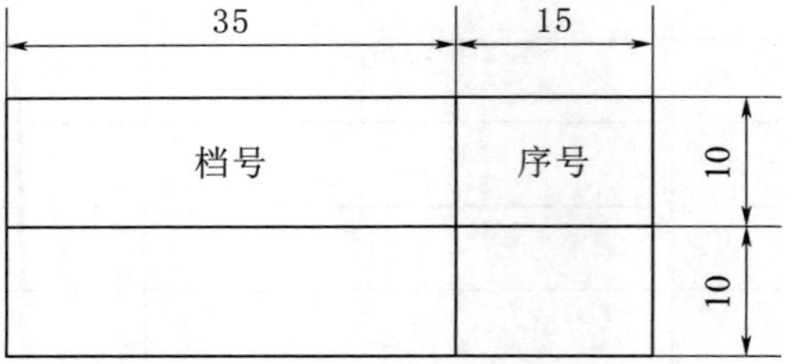

单位：mm；
比例：1 ：1

图 7　档号章格式